四川省
非洲猪瘟防控技术手册

SICHUANSHENG FEIZHOU ZHUWEN FANGKONG JISHU SHOUCE

主　编　王红宁

副主编　周明忠　阳爱国

U0272524

四川科学技术出版社

图书在版编目（CIP）数据

四川省非洲猪瘟防控技术手册 / 王红宁主编.
-- 成都：四川科学技术出版社，2019.6
ISBN 978-7-5364-9478-7

Ⅰ.①四… Ⅱ.①王… Ⅲ.①非洲猪瘟病毒 – 防治 –
四川 – 手册 Ⅳ.①S852.65–62

中国版本图书馆CIP数据核字(2019)第106152号

四川省非洲猪瘟防控技术手册

主　　编　王红宁
副 主 编　周明忠　阳爱国

出 品 人　钱丹凝
责任编辑　李蓉君
封面设计　墨创文化
责任出版　欧晓春
出版发行　四川科学技术出版社
　　　　　成都市槐树街2号　邮政编码 610031
　　　　　官方微博：http://e.weibo.com/sckjcbs
　　　　　官方微信公众号：sckjcbs
　　　　　传真：028-87734035
成品尺寸　170 mm × 240 mm
印　　张　10.75　字数 150 千
印　　刷　成都市火炬印务有限公司
版　　次　2019年6月第1版
印　　次　2019年6月第1次印刷
定　　价　36.00元
ISBN 978-7-5364-9478-7
邮购：四川省成都市槐树街2号　邮政编码：610031
电话：028-87734035　电子信箱：sckjcbs@163.com

本书编委会名单

主　　编　王红宁

副 主 编　周明忠　阳爱国

编写人员　王红宁　周明忠　阳爱国　石　谦

　　　　　岳　华　王　印　林　毅　王泽洲

　　　　　陈弟诗　袁东波　杨治聪　郭万里

前　言

　　猪粮安天下。养猪业是四川农业的支柱产业，猪肉是四川最具优势的农产品，担起了四川省农民增收和农业农村经济发展的重任，在稳生产、保供给、促增收、惠民生等方面具有十分突出的地位和作用。同时，四川省也是全国生猪生产大省，享有"川猪安天下"的美誉。

　　非洲猪瘟（African swine fever，ASF）是由非洲猪瘟病毒（African swine fever virus，ASFV）引起的猪的一种急性、热性、高度接触性传染病。世界动物卫生组织（OIE）将其列为法定报告动物疫病，我国将其列为一类动物传染病。非洲猪瘟不是人畜共患病，不导致人发病，无公共卫生危害，但目前尚无有效的疫苗和治疗药物防控该病，一旦蔓延扩散，将给四川省养猪业带来巨大的经济损失和严重的社会影响。切实做好非洲猪瘟防控工作，事关四川省养猪业持续健康发展和农业农村经济稳定，意义十分重大。

　　当前，受非洲猪瘟潜伏期长、传播途径多、境外疫情频发等因素影响，非洲猪瘟疫情防控形势依然严峻。我国将落实好现行有效防控措施，推进分区防控，督促落实各方责任，努力构建疫情防控长效机制，坚守确保疫情不蔓延成势的最低目标，向实现区域无疫、根除疫情的目标努力。同时，统筹疫情防控、生产保障和产业转型，努力稳定生猪生产供给。

　　本手册面向四川省农业农村部门、动物疫病防控、动物卫生监督、养殖场、屠宰场、生猪交易市场、兽药和饲料生产经营企业等单位，以及所有从事非洲猪瘟防控的工作人员，按照简明实用的原则，从理论到实践，编写了非洲猪瘟基本知识、防控技术和操作方法，以期为大家开展防控工作提供参考。

由于编写本手册时间仓促，书中难免存在疏漏和不足之处，请广大读者给予批评指正。

四川省非洲猪瘟防控应急指挥部

专家委员会

2019 年 4 月

目　　录

非洲猪瘟的起源与传播

非洲猪瘟（African swine fever，ASF）是由非洲猪瘟病毒科（Asfarviri-dae）的非洲猪瘟病毒（African swine fever virus，ASFV）引起的家猪和某些野猪种的一种急性、热性、高度接触性传染病。

1921 年，东非国家肯尼亚首次确认非洲猪瘟疫情。1957 年首次传出非洲，在伊比利亚半岛呈地方性流行。20 世纪中后期，马耳他（1978 年）、意大利（1967 年和 1980 年）、法国（1964 年、1967 年和 1977 年）、比利时（1985 年）、荷兰（1986 年）相继暴发疫情，目前这些国家相继消灭了该病，仅在撒丁岛呈地方性流行。1971 年非洲猪瘟传入美洲，古巴成为加勒比地区首个暴发疫情的国家。1978 ~ 1980 年古巴再次暴发疫情。1978 ~ 1981 年多米尼加发生疫情。1979 ~ 1984 年海地发生疫情。

2007 年 4 月，非洲猪瘟从非洲东南部再次跨越传播至欧亚接壤的格鲁吉亚，因未及时发现导致疫情逐步蔓延至周边的亚美尼亚（2007 年 8 月）、俄罗斯（2007 年 12 月）和阿塞拜疆（2008 年 1 月）等国家，并在 2007 年传入俄罗斯后迅速在高加索地区定殖。2012 年 7 月，非洲猪瘟从俄罗斯蔓延至乌克兰。2013 年，非洲猪瘟传入白俄罗斯。2014 年，非洲猪瘟传入立陶宛、波兰、爱沙尼亚、拉脱维亚。2016 年，非洲猪瘟传入摩尔多瓦。2017 年，非洲猪瘟传入捷克、罗马尼亚。2018 年，非洲猪瘟在我国辽宁首次确诊。截至 2019 年 4 月 8 日，我国累计 30 个省份先后发生 122 起非洲猪瘟疫情。目前，我国非洲猪瘟疫情已得到有效控制，发生势头逐步趋缓。已有 108 起疫情解除了疫区封锁，21 个省份的疫区全部解除封锁。

非洲猪瘟的严重危害

一、严重危害生猪养殖安全

虽然非洲猪瘟不是人畜共患病，对人不致病，但是目前针对该病尚无有效疫苗和治疗药物，感染后猪群的发病率和死亡率可高达100%。如果该病毒定殖于蜱类，引起蜱－猪传播，将很难再从我国根除该病。

二、对养猪业将造成巨大经济损失

我国是世界生猪生产和消费大国，一旦该病在我国扩散蔓延，预计将给我国养猪业造成高达300亿元以上的直接经济损失，造成间接经济损失可超过1 000亿元以上。

三、严重影响生猪产业国际贸易

在发生和存在非洲猪瘟的国家，其种猪、公猪精液、猪肉及其制品等出口贸易将受到严格限制和禁止。

四、严重制约农民增收和精准脱贫

生猪产业是四川省农业农村经济的主导产业和助农增收的支柱产业，一旦猪群感染发病，将严重制约疫区农民增收，影响其脱贫致富。

五、给肉品充足供应带来隐患

猪肉产品是我国消费量最大，广大群众最喜爱的动物源性食品，一旦猪群感染发病并扩散蔓延，将严重影响生猪饲养数量和肉品质量，给肉品充足供应带来诸多隐患。

非洲猪瘟的病原学

一、非洲猪瘟病毒的形态结构及分类

非洲猪瘟病毒（ASFV）是一种胞浆内复制的二十面体对称的有囊膜双链 DNA 病毒，为非洲猪瘟病毒科（Asfarviridae）非洲猪瘟病毒属（Asfarvirus）的唯一成员，也是目前唯一已知核酸为 DNA 的虫媒病毒。不同分离株的基因组长度在 170 ~ 193kb 之间，含有 151 ~ 167ORF，编码 54 个结构蛋白和 100 个多肽。根据对 ASFV 高度保守的 B646L 基因（编码一个主要的结构蛋白 P72）的序列可将已知毒株分为 24 个基因型。基于红细胞吸附抑制试验将其分成 8 个血清组，我国首次暴发 ASF 疫情的毒株属于基因 II 型。2019 年 1 月 23 日，复旦大学与四川大学研究人员在《Nature Communication》发表研究文章报道了 ASFV DNA 连接酶（AsfvLIG）的四个独特的活性残基，ASFV DNA 连接酶（AsfvLIG）是迄今为止发现的最易出错的连接酶之一。因病毒的复杂性，为疫苗的研究带来很大困难，目前为止疫苗仍处于研究阶段，还未开发出有效的疫苗，目前只能通过执行严格的生物安全措施和扑杀染疫动物来控制疫情蔓延。

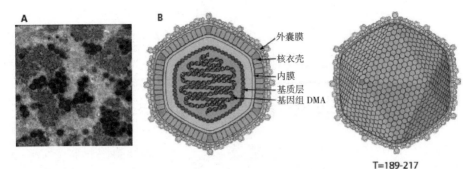

图1 ASFV 透射电子显微照片和结构模式图

A.Vero 细胞感染非洲猪瘟病毒的透射电子显微照片。成熟病毒粒子，不成熟的病毒粒子和膜中间体是可见的。成熟病毒粒子直径约 200 nm（来源：英国 Pirbright 研究所）

B. 非洲猪瘟（ASF）arviridae 病毒粒子模式图（来源：瑞士生物信息学研究所）

二、非洲猪瘟病毒的理化特性

（一）ASFV 的抵抗力

ASFV 对热的抵抗力较弱，加热至 56 ℃（70 min）或 60 ℃（20 min）以上可灭活 ASFV；属于有囊膜病毒，许多脂溶剂和常用消毒剂都可以将其破坏。无血清介质中，pH<3.9 或 >11.5 可灭活 ASFV；0.8% 的氢氧化钠（30 min）、含 2.3% 有效氯的次氯酸盐溶液（30 min）、0.3% 福尔马林（30 min）、3% 苯酚（30 min）和碘化合物作用后可灭活 ASFV。

（二）ASFV 在不同环境下的存活时间

ASFV 耐低温，能在血液、粪便和组织中存活较长时间，特别是能在生肉或没有全熟的肉制品中长期存活。ASFV 在死亡野猪尸体中可以存活 1 年；在粪便中可存活 11 天以上；在腌制的干火腿中可存活 5 个月；在未经烧煮或高温烟熏的火腿和香肠中可存活 3 ~ 6 个月；在 4 ℃保存的带骨肉中可存活 5 个月以上；在冷冻肉中可存活数年；在半熟肉及泔水中可长时间存活。

表 1 ASFV 在各种条件下的存活时间

主要产品及存在环境	存活时间
冷冻肉	30 个月以上
冷藏（4 ℃）下的血液	18 个月左右
猪皮及脂肪	10 个月左右
风干猪肉	10 个月左右
腌制猪肉	6 个月左右
冷藏肉	4 个月以上
腐败的血液	4 个月左右
常温下（25 ℃）的鲜猪肉	3 个月以上
常温下（25 ℃）的猪内脏	3 个月以上
被污染的猪圈	1 个月左右
烟熏猪肉	1 个月左右
常温下（25 ℃）的粪便	半个月左右

非洲猪瘟病的流行病学

一、易感动物

猪科（Suidae）的所有物种都易感，但ASFV仅对家猪、野猪和它们的近亲欧洲野猪致病。非洲野生猪科动物（包括疣猪、非洲灌丛野猪、假面野猪和巨型森林猪等）是ASFV的无症状携带者和储存宿主。钝缘蜱也是ASFV的天然储存宿主，可以通过叮咬传播病毒。

图2　非洲猪瘟病毒的主要易感动物和储存宿主

A. 家养猪 / Sus scrofa domesticus（©FAO / DanielBeltrán–Alcrudo）　B. 欧洲野猪 / Sus scrofa ferus［©瑞典农业科学大学（SVA）/ TorstenMörner］　C. 非洲灌丛野猪 / Potamochoerus porcus［©瑞典农业科学大学（SLU）和SVA/ Karl Stahl］　D. 疣猪 / Potamochoerus porcus（©SLU 和SVA/ Karl Stahl）　E. 巨型森林猪 / Hylochoerus meinertzhageni（©John Carthy）　F. 钝缘软蜱（雄性和雌性）［©萨拉曼卡自然资源与农业生物学研究所（IRNASA）、科学调查委员会（CSIC）］

二、传染源

欧洲野猪、疣猪、丛林猪、巨林猪、患病家猪、康复家猪和非洲软蜱为 ASFV 的长期传染源。发病猪和死猪的全血、组织、分泌物和排泄物中均含有病毒。研究表明，经口腔或鼻腔摄入病毒均可导致猪感染。

ASF 潜伏期 4～19 天，具体时间取决于病毒、宿主和感染方式。猪的排毒时间会根据 ASFV 毒株的毒力而变化，可能在症状出现前两天开始排毒，在感染后持续排毒时间可超过 70 天。病毒随唾液、眼泪、鼻腔分泌物、尿液、粪便以及生殖道分泌物排出，病猪血液含有大量的病毒。

三、传播途径

从非洲猪瘟（ASF）疫情发展历史看，ASFV 主要通过航班或港口废弃物、猪肉及其制品、野猪和携带病毒的软蜱等带入。ASFV 一旦传入某一地区极易形成完整的繁殖循环链，成为自然疫源地，给 ASF 的扑灭和净化带来极大困难。ASFV 的主要传播循环方式有：丛林传播循环、家猪循环（家猪－家猪）、野猪循环（野猪－野猪）、野家循环（野猪－家猪）、蜱－猪循环。需要重点关注丛林传播循环、家猪循环和野猪循环三种模式。

（一）丛林传播循环（虫媒传播）

在非洲，软蜱感染 ASFV 后通过叮咬传染给野猪，野猪感染后不表现症状，但可以形成病毒血症并持续 2～3 周。未感染 ASFV 的软蜱通过叮咬获得病毒，病毒可长期在软蜱体内存活和繁殖，也可以在软蜱之间垂直传播。软蜱中的多种钝缘蜱可以作为 ASFV 的媒介宿主，并通过叮咬再次感染其他野猪，从而形成"野猪－软蜱－野猪"之间的循环，称为"丛林循环"，ASFV 通过丛林循环可长期存在于自然界中。

（二）家猪循环（家猪－家猪，接触传播）

在没有野生猪科动物和蜱虫的情况下，家猪循环最常见的情况是病毒持续感染。该病毒经口－鼻途径直接传播，或通过接触感染动物的排泄物和分泌物，摄入猪肉或其他受污染的产品，或通过污染物之间间接接触传播。

1. 直接接触传播

将新进猪只引入猪群或猪圈中，通常会导致个体互相争斗或互相撕咬，直接接触传播。一般感染猪通过分泌物和排泄物排毒，感染 4 周后的家猪仍可通过直接接触感染其他家猪，感染 8 周后的家猪血液仍具有感染性。感染康复猪 4 周内，直接接触仍可传播该病。感染康复猪 6 周后不再排毒，但康复猪长期或终生带毒。

2. 间接接触传播

（1）饲喂含有感染性肉品的废弃物：如泔水（潲水）、餐厨垃圾等。

（2）来自疫区的感染冻肉、内脏、污染的火腿肠等肉制品和猪副产品；

（3）疫区或污染病毒的血浆蛋白粉、肉骨粉等饲料原料；

（4）污染的水源；

（5）污染的运猪车、饲料车、访客用车等各种车辆；

（6）带入污染的设备、工具和垫料等；

（7）员工或销售人员带入污染的衣物、装备（鞋、衣物）等；

（8）带入污染的生活品、邮寄品等。

（三）野猪循环（野猪－野猪）

1. 不同地方的野猪对 ASFV 传播起着不同的作用，在野猪密度大的地区其对维持病毒循环和感染起到重要作用。

2. 倾倒污染的猪肉、剩菜等，可造成野猪进食感染。

3. 人类的行为，如狩猎、补充饲养、围栏等，对野猪群的移动产生极大影响。

4. 在部分低温地区，病毒存在于森林中的感染野猪尸体中，其他野猪可能在进食遗骸时被感染。

非洲猪瘟病的症状和剖检变化

感染 ASF 的猪通常突然死亡。所有年龄和性别的猪都可能受到影响。症状与病毒致病力、猪的品种、暴露途径、感染剂量和该地区的流行状况有较大关系。根据其毒力，ASFV 主要分为三个类别：高毒力毒株、中等毒力毒株和低毒力毒株。临床症状分为最急性型、急性型、亚急性型和慢性型。

高毒力毒株引发最急性和急性症状，中等毒力毒株引发急性和亚急性症状。临床表现从感染 7 天之内急性死亡，到持续几周或几个月的慢性感染不等。以高热、皮肤发绀、全身内脏器官特别是脾脏出血肿大，肾脏、淋巴结、胃肠黏膜等广泛出血为主要特征。致死率取决于毒株的毒力，高毒力毒株的致死率可高达 100%。

一、最急性型

非洲猪瘟病的主要特征是高热（41 ~ 42 ℃），食欲不振和精神沉郁，1 ~ 3 天内可能发生突然死亡，无明显的症状和剖检病变。

二、急性型

非洲猪瘟病的潜伏期 4 ~ 7 天，之后出现明显症状，6 ~ 9 天之内发生死亡，一些中等毒力毒株感染后 11 ~ 15 天出现死亡。

症状：高热 40.5 ~ 42 ℃，精神沉郁，厌食、打堆。耳朵、腹部、后腿出现青紫区和出血点（斑点状或片状）。胸部、腹部、会阴、尾巴和腿部皮肤发红。可视黏膜潮红、发绀。眼、鼻有分泌物。便秘或腹泻，粪便带血。妊娠母猪在孕期各个阶段出现流产。

剖检病变：脾脏出血肿大、淋巴结肿大、出血，形似血块。脾脏肿大、脆化，边缘颜色变深。肾脏包膜斑点状出血。

三、亚急性型

亚急性型通常在 7 ~ 20 天死亡，致死率 30% ~ 70%，部分猪可能在一个月后耐过，恢复健康。

症状：猪只不同程度发烧，精神沉郁和食欲不振。关节肿胀、积液。个别猪有呼吸困难和肺炎症状，妊娠母猪发生流产。

剖检病变：主要是血管出血和水肿。

四、慢性型

慢性非洲猪瘟通常死亡率低于 30%。

症状：感染后 14 ~ 21 天开始轻度发烧，皮肤出现红斑、凸起、坏死，伴随轻度呼吸困难，关节肿胀。

剖检病变：肺部伴干酪样坏死肺炎，纤维性心包炎，淋巴结肿大及局部出血。

表2　各型 ASF 症状及病变比较

病发性型 发病部位	最急性型	急性型	亚急性型	慢性型
发热	高	高	中等	不规则或 不存在
皮肤	红斑	红斑	红斑	坏死区域
扁桃体	无明显并发症状	无明显并发症	无明显并发症	坏死灶
淋巴结	无明显并发症状	胃、肠和肾淋巴结出现大理石样病变	大多数淋巴结呈现血凝块状	肿胀
心脏	无明显并发症状	心外膜和心内膜出血	心外膜和心内膜出血；心包积液	纤维性心包炎
肺	无明显并发症状	严重的肺泡水肿	无明显并发症状	胸膜炎和肺炎
脾	无明显并发症状	脾充血肿大	脾局部充血肿大或灶性梗死	正常颜色，变大
肾	无明显并发症状	瘀斑出血，主要在皮质层	在皮质、髓质和肾盂的瘀斑出血；肾周水肿	无明显并发症状
胆囊	无明显并发症状	瘀斑出血	壁水肿	无明显并发症状
生殖	无明显并发症状	无明显并发症状	流产	流产
血小板减少症	不存在	不存在或轻微	短暂	不存在

图3　急性型非洲猪瘟的一些最容易辨认的病变

A. 当感染非洲猪瘟病毒（ASFV）时，胃淋巴结和肝和肾淋巴结明显出血和肿大。非病变组织应呈没有炎症的健康白色 / 粉红。B. 感染非洲猪瘟病毒（ASFV）的肾脏在皮质上有明显的瘀点（即小的点状出血，健康的肾组织是均匀着色的浅褐色，表面无任何不规则变化。C. 感染非洲猪瘟病毒（ASFV）的猪脾脏通常肿大、易碎（脆弱），显示出梗塞的迹象（暗区）。健康的脾脏颜色均匀（红棕色）并具有纹理。

（引自《非洲猪瘟：发现与诊断—兽医指导手册》）

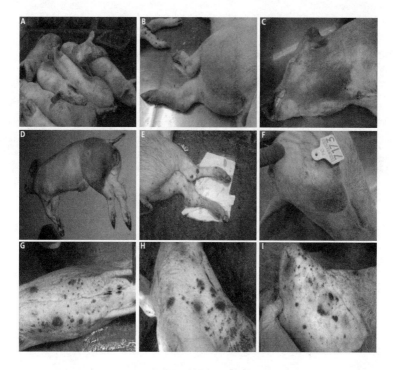

图 4　急性型非洲猪瘟症状

A. 看起来猪明显虚弱、发烧，可能团缩在一起取暖。B~E. 在颈部、胸部和四肢的皮肤上有血性腹泻和明显的充血（红色）区域。F. 耳朵尖端呈青色（蓝色）。G~L. 腹部、颈部和耳朵皮肤上的坏死病变。
（引自《非洲猪瘟：发现与诊断—兽医指导手册》）

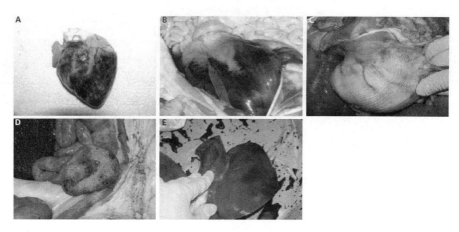

图 5　急性型非洲猪瘟的出血性病变

A. 心脏。B. 膀胱。C. 胃。D. 肠。E. 其他浆膜表面，例如肝脏。
（引自《非洲猪瘟：发现与诊断—兽医指导手册》）

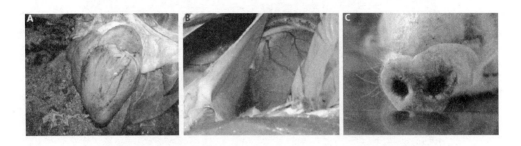

图6 急性型非洲猪瘟的进一步病变

A.肺水肿和肺组织实变明显。B.心脏和体腔内有积液。C.气管及口鼻可能出现带血泡沫。

（引自《非洲猪瘟：发现与诊断—兽医指导手册》）

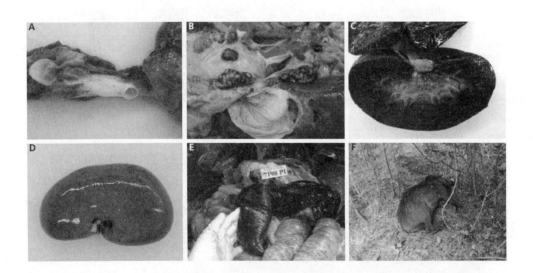

图7 感染急性型非洲猪瘟的野猪的特征性病变

A.严重的肺部水肿导致的气管泡沫。B.胃肠淋巴结出血。C.肾出血。D.肾脏皮质上的瘀点。

E.脾肿大。F.死亡的野猪。

（引自《非洲猪瘟：发现与诊断—兽医指导手册》）

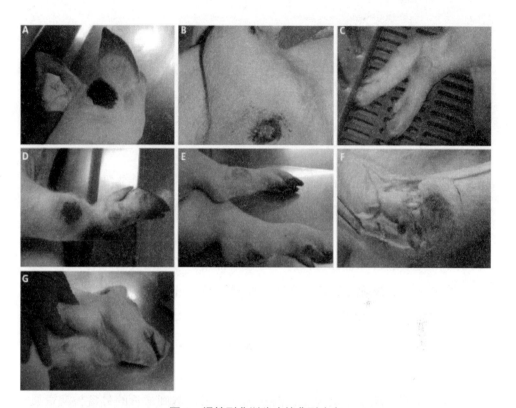

图 8　慢性型非洲猪瘟的典型病变

A~F. 中度至重度关节肿胀，经常伴随皮肤红斑、突起和坏死。G. 额外的剖检发现伴有淋巴结肿大。

（引自《非洲猪瘟：发现与诊断—兽医指导手册》）

非洲猪瘟的诊断和检测

非洲猪瘟是以感染猪发热、出血为主要表现的病毒性传染病，容易与古典猪瘟（CSF）为主的其他猪病毒性疾病、细菌性败血症、中毒性疾病引发的出血等发生混淆。在发生可疑病例时应从流行病学、临床症状和病理变化等方面进行综合分析，同时还应结合猪瘟等其他疫病的免疫背景进行初步诊断，最终确诊依赖于实验室检测结果。目前 ASF 病原学检测方法主要采用普通 PCR 和荧光定量 PCR 等。病毒分离需在国家允许的实验室进行。抗体检测方法主要有间接 ELISA 和阻断 ELISA 等。

为了获得可靠的检测结果，必须以最快的速度正确采集疑似 ASF 样本，并严格按照规程包装样品，做好标识记录，送到最近的具备检测资质的实验室进行检测。送检样品同时还须附送样登记表，详细记录样品的数量、类型、采样地点，以及疑似症状、病变、发病率、死亡率、受影响动物的数量、种类和所需检测项目、送样人姓名、联系方式等。

一、血液样品

无菌采集猪全血 5 mL，根据检测目的不同采集抗凝血或血清样本，冷藏（或冷冻）保存运输。

二、组织样品

（一）样品类型

首选脾脏，其次为扁桃体、淋巴结、肾脏、骨髓等，冷藏运输。

（二）样品要求

脾脏、肾脏采集 3 cm×3 cm 大小，扁桃体整体采集，淋巴结选取出血严重的整体采集，骨髓可采集 3 cm 长一段。

三、样品包装运输

样品的包装和运输应符合农业农村部《高致病性动物病原微生物菌（毒）种或者样本运输包装规范》和四川省农业厅《关于开展全省非洲猪瘟专项监测的通知》（川农业函〔2018〕682号）等要求，用"三重包装系统"进行包装和运输，并由专人专车及时送达，不允许邮寄和快递。

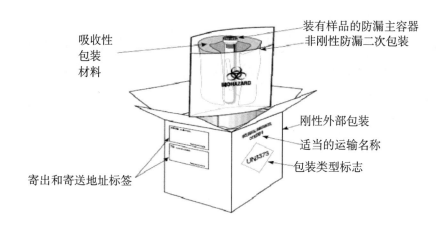

装有样品的防漏主容器
非刚性防漏二次包装
吸收性包装材料
刚性外部包装
适当的运输名称
包装类型标志
寄出和寄送地址标签

图9　B类感染物质的包装和标签三重包装示意图

（引自《非洲猪瘟：发现与诊断—兽医指导手册》）

四、检测实验室

四川省动物疫病预防控制中心实验室，以及通过比对合格并经四川省农业农村厅授权的市州动物疫病预防控制中心实验室和大学或研究机构的第三方动物疫病诊断检测实验室可以开展非洲猪瘟实验室检测工作，样品须送往具备开展非洲猪瘟检测资质的实验室进行检测。

因 ASFV 为双链 DNA 病毒，且抵抗力较强，在进行实验室检测时，要严格按照实验室质量管理和生物安全规程操作，不得发生病毒泄漏和样本污染等事件，确保检测结果准确、可靠，实验室安全无风险。

五、检测方法与试剂

为了进一步做好非洲猪瘟防控工作，降低病毒扩散风险，在对生猪及其产品开展非洲猪瘟病毒检测中，应当使用农业农村部批准或经中国动物疫病预防控制中心比对符合要求的检测方法及试剂，确保检测结果准确可靠。

非洲猪瘟病的防控措施

对于 ASF 的防控，首先应采取严格的边境防疫堵疫措施，并提高相关养殖人员的防疫意识。一旦发生疫情侵入，早期检测、早期诊断、早期应对和严格处置，可最大限度阻止疫病传播扩散。其次应在生猪产业链上的重点环节（如养殖、屠宰和交易市场等）采取以提高生物安全水平为核心的防控措施，落实从业主体防疫责任，并加大防控技术培训和财政支持，对最终控制 ASF 疫情可起到事半功倍的效果。

一、切实提高防疫意识

所有与猪只接触的人员，都应了解 ASF 的潜在威胁，以及如何预防和识别该病（即具体症状）。除了兽医和养殖场（户），还应包括参与猪只运输、交易和屠宰的人员，以及相关从业人员（如饲料经销商）等。对于野猪的防控，还应包括猎人、护林员和林业部门等。一方面，兽医管理部门和养殖场（户）应采取积极主动的防疫堵疫措施，竭力将疫情防堵在本地区或本养殖场之外，是预防 ASF 的首要措施。另一方面，一旦发现 ASF 疑似病例，所有知晓疫情的人员都有义务第一时间主动报告当地兽医部门，按照"早、快、严、小"的原则，采取果断措施扑灭疫情，防止疫情蔓延扩散。

二、加大宣传和培训力度

当存在 ASF 疫情风险或传入时，应及时向社会公开疫情信息，并要求有关部门提高生物安全水平，立即进行排查监测，及时向兽医部门报告可疑病例和死亡事件。同时公开相关防控政策，例如扑杀、补偿和恢复生产等政策，使养殖户、屠宰场和贩运户等充分了解他们在整个过程中的作用和权益，有助于增强疫情防控的相互沟通和合作。

宣传和培训主要应由当地兽医部门或动物疫病防控等技术机构承担。根据宣传的目标受众群体可选择多种方式，如传单、小册子、海报、电视及电台讯息、由村委会组织的会议等。培训也可采取在线课程或传统的面对面培训等多种方式。通常对于大量人员进行宣传培训时，采取"逐级培训"的模式可能是最好的方式，这样先培训师资力量，再由老师去培训更多的人。

宣传和培训的对象应包括兽医管理人员、养殖场（户）业主和饲养人员、基层兽医防疫人员、生猪经纪人、生猪产品生产和经销人员、兽药和饲料经销人员、狩猎人员，以及林业、海关检疫、交通运输、邮政快递等部门工作人员和其他密切相关人员等。做到宣传和培训全覆盖，同时把握好非洲猪瘟可防可控不可怕的正确舆论导向，促进沟通合作，汇聚防控力量，打好疫情歼灭战。

三、风险分析与进出口管理

及时了解受疫情影响国家的疫情分布或流行病学变化等相关预警信息，以及该国的入境口岸、猪和猪肉供应信息，不同生产模式的养殖场、野生猪科动物、活畜交易市场、屠宰场等的分布情况等，分析所有可能的风险，定期进行风险评估。

按照国际通行要求，采取有针对性的限制措施，防止通过合法途径传入疫病。并根据风险水平和检测能力，尽量在入境前和入境后分别对可能携带疫病的高风险活猪或猪肉产品进行检测。

海关应有力拦截通过国际机场或过境点携带非法或不受管控的高风险猪肉产品，以及其他有害物质，严格采取无害化措施处置截获没收的相关物品，切实降低疫病传入扩散的风险。

四、结合四川特色加强养猪产业链重点环节防控

种猪场、大型规模养猪场、重点养猪区域、屠宰场和生猪交易市场等是四川省养猪产业链上防控非洲猪瘟的重点环节，要根据不同环节特点和疫情形势，采取分区分类防控措施，竭力把疫情防堵在养猪产业链的重点环节之外。

（一）种猪场、规模养猪场、中小型养猪场的防控

按照动物防疫合格条件，完善猪场防疫设施，规范建设猪场围栏，阻止圈养猪和野猪直接接触，减少疫病传播，以及限制野生和圈养猪采食被污染的垃圾、餐厨废弃物或尸体等。严格执行场内各项管理规定、操作程序和生物安全要求，禁止贩运人员和车辆直接进入养猪场。严格按照生猪检疫监管要求引进和检疫活猪，并对新进活猪至少隔离观察30天以上，禁止从疫区引进生猪、精液和购买猪肉产品。严格饲料来源，加强对饲料的检测和消毒，并做好饲料、药品的采购和使用登记，禁止饲喂泔水、食物残羹和以猪血为原料的饲料。严格对圈舍、食槽、用具、本场和外来人员及车辆等进行清洗和彻底消毒。做好猪瘟等疫苗的免疫、登记和效价监测。密切关注疫情动态，定期开展采样检测和疫病排查。一旦发现疑似非洲猪瘟或异常死亡的，立即报告当地兽医部门。

（二）屠宰场和生猪交易市场管理

对屠宰场和交易市场从业人员及时告知防疫政策和培训防疫技术。严格生猪入场检疫和上市交易监管，临床检查发现异常，无动物检疫合格证明和畜禽标识的生猪不得入场入市；严格按照国家规定开展屠宰检疫和肉品品质检验；发现疑似非洲猪瘟症状的，要立即停止屠宰；严格对工作人员、运输猪只的车辆、待宰圈、屠宰线、屠宰工具、相关设施设备等进行清洗和彻底消毒；严格对运输途中死亡的生猪、入场后检疫不合格的生猪及其产品、不可食用的生猪产品等进行无害化处理。对不符合动物防疫条件的屠宰场和生猪交易市场要暂停屠宰和关闭生猪交易。一旦发现疑似非洲猪瘟或异常死亡的，立即报告当地兽医部门。

（三）饲料生产和经营环节的防控

对饲料生产和经营从业人员及时开展防疫政策和技术培训；严格执行饲料生产和经营管理规定；定期对饲料原料进行监测和风险评估，禁止生产和经营添加猪血浆蛋白的饲料；对不符合生产规范的企业要立即进行整改，严禁生产和销售不符合质量标准的饲料；做好饲料原料来源、生产和销售记录，实现产品生产和销售可追溯。

（四）生猪贩运管理

严格按照生猪运输管理规定贩运生猪。主动到当地兽医部门对贩运活动和运输车辆、运输路线等进行备案。凭检疫合格证明调运生猪。不得贩运无畜禽标识和检疫合格证明的生猪。不得从疫区贩运生猪，从非疫区贩运生猪不得途经疫区。对运输车辆要进行清洗和彻底消毒。做好生猪贩运过程管理，防止应激，并做好贩运记录，自觉接受兽医部门的监督检查。严格按照规定无害化处置运输途中发病或死亡的生猪。不得随意抛弃和违规处置。发现疑似非洲猪瘟或异常死亡的，要立即向当地兽医部门报告。

五、疫情控制措施

当发现疑似疫情时，兽医防疫人员、养殖场业主、饲养人员和行业相关的其他人员等应采取果断行动，努力控制和防止疫情蔓延扩散。由于受感染的猪在临床症状出现前48小时就开始大量排毒，因此疫情现场的所有垫料、饲料和动物（包括活体和屠宰的胴体等）一律不得流出。

一旦确认疫情，必须立即启动应急预案，迅速科学评估初始疫情（如发生的规模和范围、传播区域、流行病学等），研判需要采取的防控方案和措施，并果断采取有力的控制措施，持续监督防控进度和适时调整相应的政策和措施，加强与各级兽医部门、行业协会和公众的信息交流，积极引导各部门和公众主动参与防控工作，形成防疫合力。

在疫病被发现或报告之前，疫病的扩散范围和严重程度直接影响疫病的控制效果。疫病传播越广，受影响地点越多，采取扑杀达到根除的可能性就越小。在疫病传入一个地区的最初几天内，扑杀是最有效的方法。这就要求及时发现疫病，一旦发现，要对受影响的猪采取迅速扑杀措施，并进行补偿。

要果断采取移动控制和其他必要的措施。在疫情早期，即监测时期，准确掌握受影响地区的地理分布和数量至关重要。一般第一个被发现的病例（只是病例）往往不是真正第一个被感染的病例。

当进入结束阶段，报告的病例数明显消失时，这时与初期的防控行动一样重要。如果存在未检测出来的感染区域，根除行动就会功亏一篑。一个常见的错误是由于发病似乎已经消失，社会经济损失已经结束，因而转移资源或停止监测及控制措施。因此如果过早地放弃监测和停止控制措施，非洲猪瘟疫情很可能再次暴发。

（一）移动控制

在养殖场，对于疫情暴发或疑似病例应尽快实施严格的隔离措施，不允许任何猪只、猪肉或潜在感染的物品流出养殖场。未更换或消毒的衣服和鞋子，任何人不得穿离养殖场。当遇到自由采食的猪时，应立即围捕和隔离。在疫点周围，兽医部门必须有力阻止非法交易病死生猪及产品。

在划定控制区时应充分考虑自然屏障和行政边界等信息，科学合理地划定控制区范围，不一定将控制区划定为标准的圆形，总之控制区的划定以有利于疫情的控制为原则，而且这些区域的边界必须用路标清楚地标明。同时限制流动的区域和时间范围还应根据具体情况适时调整。

最有效的疫情控制措施不仅能阻止疫病的扩散传播，而且对养殖场（户）影响也最小。一般采取以下措施：

1. 对所有的养殖场、交易市场和屠宰场等应进行登记备案，并对所有易感动物进行排查。

2. 对以上场所中的全部易感动物定期进行疫病监测。

3. 除在官方兽医监督下进行紧急扑杀和进行无害化处置外，所有易感动物及其产品不得从原场地转移。

4. 对易感动物进行检疫监管和移动控制应设立专业的检疫检查站，严禁非法调运和移动易感动物。

（二）扑杀和无害化处置

感染和排毒的猪只是 ASFV 的最大来源，也可通过污染的物品发生间接感染，包括车辆、衣服，特别是人们的鞋类。当猪只死亡时，ASFV 停止复制。然而，尸体在死后长期存在感染性，因此需要及时进行无害化处理。

采取扑杀的对象主要是受感染的动物和疫点中其他所有易感动物，经评估在需要时对邻近养殖场或有危险接触场点的动物进行扑杀。扑杀时应考虑动物福利，尽量采用人道方式进行。

在完成扑杀后，必须对尸体进行无害化处理，如焚烧、堆肥、化制或掩埋等，以防止尸体被放养猪或野猪等接触和食用。在短时间内处理大量的猪只还应充分考虑后勤保障和可能带来的环境污染等问题。

（三）蜱虫控制

蜱虫的寿命、耐受力和隐藏在裂缝的能力较强，很难通过杀螨剂有效杀除。破坏蜱虫栖息地（如覆盖蜱虫可以隐藏的裂缝、用不含裂缝的材料建造新设施等）有助于降低其数量和传播潜力。遍布蜱虫的建筑物不应用作猪舍。这些建筑应被隔离，防止猪群进入。杀虫剂可用于垫料，或根据产品性质直接喷洒于猪的皮肤。特别是吸血昆虫可以在畜群内机械传播ASFV，因此建议对感染场所进行灭虫。

（四）野生动物控制

在野猪或钝缘蜱属蜱虫种群中，难以采取有效措施防止 ASF 传播。唯一有效的措施是预防家猪免受感染，尽量避免野猪和家养猪之间的接触。如通过建造猪舍围栏，限制自由放养或控制野猪数量，严格处理餐厨垃圾和屠宰废弃物等。

（五）分区和隔离

如果疫病只出现在某一个区域，那么分区就成为实现逐步消除和根除的重要战略，同时允许无疫病区进行交易。为了实行分区，兽医部门必须划定感染区和无疫病区，并对其间的活猪及产品流动实施严格的管理和控制。

隔离是在拥有共同生物安全系统的基础上建立独立安全群体。该方法比较适合养猪场，在感染地区，经兽医部门监督批准的安全养猪场或交易市场等，可允许继续进行有限经营活动，实现疫情有效控制的同时保障猪肉产品的供应。

六、消毒技术

（一）消毒药种类

最有效的消毒药是 0.8% 的氢氧化钠、含 2.3% 有效氯的次氯酸盐溶液、0.3% 福尔马林、3% 苯酚。碱类（氢氧化钠、氢氧化钾等）、氯化物和酚化合物适用于建筑物、木质结构、水泥表面、车辆和相关设施设备消毒。酒精和碘化物适用于人员消毒。

（二）场地及设施设备消毒

1. 消毒前准备

（1）消毒前必须清除有机物、污物、粪便、饲料、垫料等。

（2）选择合适的消毒药品。

（3）备有喷雾器、火焰喷射枪、消毒车辆、消毒防护用具（如口罩、手套、防护靴等）、消毒容器等。

2. 消毒方法

（1）对金属设施设备消毒，可采用火焰、熏蒸和冲洗等方式消毒。

（2）对圈舍、车辆、屠宰加工、贮藏等场所，可采用消毒液清洗、喷洒等方式消毒。

（3）对养殖场（户）的饲料、垫料，可采用堆积发酵或焚烧等方式处理，对粪便等污物作化学处理后采用深埋、堆积发酵或焚烧等方式处理。

（4）对疫区范围内办公、饲养人员的宿舍、公共食堂等场所，可采用喷洒药物方式消毒。

（5）对消毒产生的污水应进行无害化处理。

3. 人员及物品消毒

（1）饲养管理人员可采取淋浴消毒。

（2）对衣、帽、鞋等可能被污染的物品，可采取消毒液浸泡、高压灭菌等方式消毒。

4. 消毒频率

疫点每天消毒 3 ~ 5 次，连续 7 天，之后每天消毒一次，持续消毒 15 天；疫区临时消毒站做好出入车辆人员消毒工作，直至解除封锁。

七、焚烧深埋法无害化处理技术

（一）选址要求

远离学校、公共场所、居民住宅区、村庄、动物饲养场和屠宰场、饮用水源地、河流等地区，离疫点较近，地势高燥，地下水位低。

（二）焚烧深埋要求

根据需要深埋的猪及相关产品数量，按每头猪占 0.3 ~ 0.5 m³ 测算，确定掩埋坑体容积。坑底应高出地下水位 1.5 m 以上，防止渗漏。坑底应铺洒一层厚度 2 ~ 5 cm 的生石灰或漂白粉等消毒药。将尸体及相关动物产品投入坑内，泼洒柴油充分焚烧后，尸体上层距地表至少 1.5 m，覆盖距地表 20 ~ 30 cm、厚度不少于 1 ~ 1.2 m 的覆土。深埋后，立即用氯制剂、漂白粉或生石灰等消毒药对深埋场所进行一次彻底消毒。

（三）注意事项

运输尸体应使用密闭尸体袋和封闭运输车。掩埋覆土不要太实，以免腐败产气造成气泡冒出和液体渗漏。在掩埋处设置警示标识、搭建围栏、专人看管巡查。第一周内至少每日巡查一次、消毒一次，第二周起至少每周巡查一次、消毒一次，连续消毒三周以上，连续巡查 3 个月，掩埋坑塌陷处应及时加盖覆土。

八、疫情解除后恢复生产

经确认疫情已得到有效控制，最后一步是养殖场或疫区恢复生产。在重新饲养之前，必须确认养殖场不存在病原体。这可以通过定期清洁和消毒来实现。同时建议在重新饲养前提高养殖场的生物安全。清洁消毒后，空场一个半月左右可以重新饲养，但具体期限应取决于风险分析结果及实际情况，不得随意决定空场时限。

空场期应设立哨兵猪，并对这些哨兵猪进行严格监视（临床检查和血清学检测），以发现潜在的二次感染。如果在一个半月左右证明没有感染，则可以重新饲养猪群。

非洲猪瘟病的猪场生物安全

做好养猪场生物安全防护是防控非洲猪瘟的重点。良好的生物安全措施可以降低 ASFV（或其他任何病原体）的侵入风险，不仅适用于养殖场，也适用于产业链上的各个环节，例如活畜交易市场、屠宰场、动物运输环节等。主要生物安全措施有：用于阻止病原体侵入畜群或养殖场的措施（外部生物安全措施）；病原侵入后，在畜群或养殖场内部阻止或者减缓病原在场内传播的措施（内部生物安全措施）；阻止病毒场间传播或扩散至其他场所以及野猪群的措施。

在制订养猪场生物安全措施时，具体工作内容和预期效果因生猪养殖模式、当地的地理和社会经济条件（从大规模的、封闭的养殖场到小型的、放养的、村庄养殖）等而不完全相同。

提高生物安全水平的方法有很多，如持续改进生产，做好免疫和治疗记录等。所有养殖场都可以有效改善他们的生物安全管理水平。养殖场生物安全措施的实施能力取决于其养殖模式、技术知识和经济水平。负责生物安全措施改进的人员应对不同生物安全系统有着深入的认识，并了解生猪养殖者的诉求和能力范围等信息。

一、增强生物安全意识

（一）所有员工必须接受生物安全培训学习

对生物安全方案的具体执行，首先需要猪场工作人员对猪场生产体系，疫病及疫病传播途径等知识有充分的了解，并在理解所制定的生物安全方案后才能正确和严格执行。因此在实施生物安全方案前，猪场应设置生物安全专职岗位，聘请专职人员负责制定猪场内部详细的预防 ASF 生物安全培训计划，系统培训所有员工。

（二）通过政府发布的防控政策来进一步完善生物安全措施

除了猪场的生物安全培训学习外，要时刻关注国家的法律法规和预防 ASF 政策，由生物安全专职人员负责引进与 ASF 相关的法律法规等培训内容，制订相关的培训计划并有序实施。

（三）定期对员工的生物安全培训和实施效果进行评估

生物安全措施只有正确和严格地实施后才能降低疫病传播风险。在猪场员工清楚所制定的措施后，能不能正确去落实才是最关键的一步。猪场生物安全专职人员负责建立有效的培训学习评估体系，包括集中培训的效果评估和现场评估，通过严格的内部审核和评估确保所有员工可以正确实施防控 ASF 的生物安全措施。

二、禁止从疫区引入猪只和精液等

（一）充分了解疫区情况和明确后备种源供应场的健康状况

1. 在没有特殊情况下，猪场应尽量封群，减少引种频率。

2. 供应场的数量要尽可能单一，而且在引种前应对猪群的健康状态进行仔细评估，确保猪群健康并且供应场不在疫区。

3. 在引种过程中为减少病原扩散风险，应加强对猪只运输和猪场出猪台区域的生物安全管理。

（二）引种后应在场外隔离舍进行隔离

1. 猪群物理隔离的目的是减少易感动物直接与感染猪只接触的机会。

2. 根据猪场的生产体系，尽量设定一个远离猪场的场外隔离舍（大于1千米），同时这个隔离舍应不靠近其他猪场、屠宰场、猪肉加工场、生猪交易市场和繁忙的公路。

3. 引种的猪群应至少隔离30天，在隔离期间应密切关注猪群的健康状态。现场评估是早期发现ASF有效的工具，并结合血清学和病毒学的监测来排除其他病原的干扰。

（三）禁止隔离后不健康的猪只进群

在隔离驯化期间出现不健康猪只，或发生死亡时，整个隔离猪群应在确定具体原因后再决定是否进场。

三、严格遵守清洗、消毒和干燥程序

（一）车辆运输是传播疫病的主要风险

1. 运输猪只到猪场、交易市场或屠宰场的车辆，包括运输饲料和病死猪的车辆等，是疫病传播的一个主要风险。

2. 与猪场发生联系的所有车辆都应该纳入到疫病传播的风险管理范围内。如猪场内部车辆（包括内部人员转运车辆，饲料、猪只转运车辆等）、外部车辆（包括外部饲料车，猪只转运车辆和员工自有车辆等）。

3. 禁止出入养猪场、屠宰场、交易市场等未经清洗和消毒的车辆或人员靠近猪场。

（二）建立严格的车辆清洗消毒体系

1. 运输猪只的车辆应该在每次运输完成后立即清洗消毒。根据猪场内外分离的原则，至少建立两个独立的清洗消毒中心。内部洗消中心专门用于本猪场体系内部猪场之间饲料、猪只转运车辆和本体系员工车辆使用，外部洗消中心专供外部饲料、猪只转运车辆以及外部人员车辆使用。

2. 车辆有效洗消程序包括五步：去除杂物、泡沫浸泡、冲洗、消毒和干燥程序：

（1）去除杂物：去除车上所有的垫料、粪便和其他杂物。

（2）泡沫浸泡：生物膜是由微生物分泌的黏液形成的结构，为细菌和病毒提供了保护。由于消毒剂不能有效的穿透生物膜，在消毒步骤前应该用碱性洗涤剂（去除脂肪和油性生物膜）或酸性洗涤剂（去除矿物质生物膜）均匀喷洒到车辆表面，浸泡 30 分钟。

（3）冲洗：所有表面进行高压热水冲洗，水温不超过 60℃即可。

（4）消毒：消毒之前确保车辆处于一个没有残留水分的状态，否则残余的水分会对之后使用一定浓度的消毒剂有稀释的作用，起不到有效消毒。室温条件下消毒剂的作用时间通常为 30 分钟，随着温度的降低，消毒时间应适当延长。最好将消毒剂泡沫化，使其更好的附着在物体表面起到有效消毒作用。

（5）干燥：干燥是去除病原微生物过程中非常关键的一个步骤，可以在最大程度上保证微生物被杀死，通常的自然晾干并不是有效的干燥，应配合辅助加热器的使用。

3. 洗消结束后应采集车辆有关部位的样本，进行相关细菌和病毒的病原检测，评估车辆清洗，消毒和干燥效果。

4. 需要采集的部位包括：驾驶室脚踏板、方向盘、车厢第一层底部左上角、车厢第一层底部右下角、车厢第二层底部右上角、车厢第二层底部左下角、车厢挡板等。

（三）车辆运输原则

1. 规划好车辆的运输路线，避免车辆经过疫病威胁区和养殖高密度区域，减少在路上的停留时间，不与其他的动物运输车辆交叉。

2. 按照运输猪只的健康状况排列运输次序，从高健康状况到低健康状况，从低密度区到高密度区，从产房到保育、育肥舍等。

3. 生产人员和车辆驾驶员在装卸猪只过程中不离开驾驶舱。如果驾驶员要离开驾驶舱，那就要严格遵循猪场的生物安全措施。卸猪人员也应该十分注意来自车辆的污染，可以通过建立一个出猪台区域的清洁区和污染区体系来划分车辆和车辆驾驶员与本场猪只和人员之间的界限。

4. 建立猪场固定和临时公共转猪中心，猪只出入的运输管理，包括车辆、出猪台、车辆驾驶员等实施流程管理，禁止外部运输猪只车辆（特别是进出屠宰场车辆）靠近猪场，目的在于最大限度地降低外部运猪车辆对猪群健康的生物安全风险。

四、禁止疫区生肉和肉制品等物品入场

（一）评估和识别

评估和识别来自敏感区域的物品，包括饲料、垫料、生产工具等。所有进入猪场的物品要格外谨慎，确保不是来自其他畜禽养殖场、ASF 疫区、屠宰场、集贸市场和病原微生物实验室等敏感区域。

（二）物品进入猪场程序

1.所有的生肉或肉制品禁止带入猪场，非本场人员携带的物品禁止带入猪场。

2.所有物品须去除包装，仅保留最小包装彻底消毒后方能入场。

3.食品和易耗品需经过臭氧熏蒸消毒至少30分钟后进入生活区。

4.饲料入库后密闭熏蒸消毒至少2小时后进入生产区。直接传送到料塔的饲料应在饲料厂做好消毒工作。

5.生物制品禁止加热消毒，入场前采用多层包装，经过一道入口，去除一道包装，保留最小包装后，采用75%酒精擦拭彻底消毒后进场。

（三）禁止使用来自敏感区的物料

禁止使用来自敏感区域的物料，包括新鲜饲料原料及其制品，垫料原料，兽药，生物制品，生产工具等。

1.猪场使用的垫料或沙子等物资的处理和储存时间至少是30天（且远离野猪），否则禁止使用。

2.原则上禁止使用垫料，除非已经做过灭活ASFV处理并且至少已经储存90天以上。

3.禁止猪场与猪场之间交换垫料和饲料以及其他物品和生产工具等。

五、实施封场措施严格限制人员进出猪场

（一）限制外来人员进入

最大限度减少外部人员拜访次数，没有特殊许可，禁止非本场人员入场。

1. 外来人员禁止入场，如果必须入场时，须在场外指定区域隔离一定时间后，由猪场兽医主管或场长书面授权许可后，方准入场。

2. 建立入场人员登记制度，确定外来人员是否来自敏感区域。

3. 外来人员携带物品，包括衣物鞋帽禁止进入场区，使用一次性包装袋包装后在场区入口处隔离消毒室消毒处理。

（二）本场人员入场必须严格遵循隔离和入场淋浴程序

1. 建立本场人员入场登记，开包检查制度和入场淋浴程序。

2. 本场人员入场前在指定区域须达到最低隔离时间后方准入场，出入敏感区域的本场人员在指定区域达到最长隔离时间后方准入场。

3. 建立猪场入口，生产区入口两次入场淋浴程序，所有进入猪场和生产区的人员必须通过入场和彻底淋浴后换上猪场内部清洗消毒的衣物、鞋帽方准进入猪场。

在猪场入口处污染区脱下自己的衣物鞋帽，装入到猪场提供的一次性包装袋送入到猪场入口处隔离消毒室消毒处理，进入缓冲区穿上一次性连体防护服、鞋套、口罩和防护眼镜，进入猪场入口处清洁区完成入场程序。

（三）猪场人员禁止接触来自畜禽养殖场、屠宰场、集贸市场等的人员和物品

1. 人员在入场前，包括本场工作人员，都不应该在近期接触过其他猪只、屠宰场、集贸市场等人员和物品，如果有接触的话，不应该入场。

2. 小规模猪场或养猪户，场主不应该拜访其他的养猪场，也不接受其他人员来自己的猪场参观。

六、禁止使用与泔水相关的饲料和污染的水源饲喂生猪

（一）ASF 可以通过猪只摄入被污染的生猪肉、猪肉产品和水源进行传播

1. 泔水喂猪是疾病（包括 ASF）进入猪群的一个高风险传播方式。多个 ASF 阴性区域疾病的发生就是用泔水饲喂导致的易感猪群感染 ASF。

2. 水源也可以通过死亡的猪只携带 ASFV。据报道曾在罗马尼亚暴发的 ASF 导致 14 万头猪只被无害化处理，其感染源头可能是使用了 ASFV 污染的水源。

（二）禁止使用泔水或泔水配制的饲料和污染的水源喂猪

1. 禁止泔水喂猪，与猪场工作人员沟通确保他们了解泔水饲喂的危害。

2. 猪场内部产生的餐厨垃圾和泔水严格限制在污染区特定区域，禁止进入养猪生产区并饲喂猪只，使用密封性容器装运餐厨垃圾和泔水运送到场外销毁和无害化处理。

3. 与泔水接触的厨房人员应该禁止进入养猪区域，也不允许任何人员将食物带入到养猪生产区食用。

（三）定期评估饲料来源和水源的生物安全风险

1. 定期对饲料提供商进行风险评估，内容包括饲料原料来源和贮存以及饲料生产贮存和运输过程中的生物安全风险控制，禁止含有泔水的原料或者饲料，以及添加猪血浆蛋白的饲料进入猪场喂猪。

2. 猪场水源应定期添加有效消毒剂进行消毒，一般使用漂白粉，并定期从取水口和出水口采集水样进行理化指标和生化指标检测，以评估猪场水源的生物安全风险。

七、禁止猪场之间猪只、人员和物品等交流

（一）禁止猪场之间猪只、人员和物品的共用

ASFV可以通过污染的车辆、衣服、靴子、设备等进行传播，所有猪场应禁止猪场之间各种物品和人员的共用，包括猪场之间的猪群、人员、生产工具、兽药、疫苗、粪污和尸体处理设备等。所有接触猪只的设备、工具等应该在一个猪场专用，而且保持干净。

（二）禁止猪场内部高风险区和低风险区之间人员和物品的共用

猪场内部的高风险区包括隔离舍、粪污处理区、尸体处理区、出猪台、保育舍等，这些地方被病原感染或携带病原的几率要比产房、配怀舍等低风险区的高，所以高风险区的人员和物品禁止到低风险区活动和使用。

（三）猪场之间的共用物品

1.如果有些物品必须转到另外一个场或从高风险区转到低风险区使用，它们必须经过严格的清洗和彻底消毒。

2.有效的清洗和消毒流程包括去除杂物、泡沫浸泡、冲洗、消毒和干燥程序，具体内容参照车辆清洁消毒部分。

3.人员必须共用时，应按照猪场外部人员入场的生物安全措施实行管理。

八、禁止靠近、猎杀和食用野猪

（一）评估猪场周围是否有野猪存在

1ASFV可以通过野猪传染给家猪。据一些ASF病例显示，该病首先发

生在野猪群体，然后传播到家猪。

2. 定期或不定期地评估猪场外部生物安全风险，确定猪场周围是否存在野猪。

3. 通过拜访猪场周围相关人员，查询官方资料等，确定猪场周围是否存在野猪。

（二）隔离

使用围墙和栅栏，建立猪场的野猪隔离带，避免圈养猪和野猪直接接触

1. 对猪场周边的围墙和栅栏，应能保护场内的猪只不与外围的野猪、散养猪或其他场的猪只接触。

2. 散养猪场推荐使用间隔 1 米的双重围栏，2 米高，插入地表的部分应有 0.5 米来确保围栏的稳固性。

（三）专业猎杀

禁止猪场人员靠近、猎杀和食用野猪，对于专业的狩猎人员应遵循生物安全原则。

1. 猎人在狩猎前应该接受基本的生物安全培训。

2. 猎杀的野猪应该在检测阴性后才能够带走。

3. 私人车辆应停放在狩猎区域外，用专用的车辆来运输野猪到加工场地。

4. 解剖野猪时要佩戴手套，尸体残骸要做无害化处理。

5. 衣服、鞋和猎枪等应在捕猎结束后清洗和彻底消毒（衣服在 60℃洗涤 60 分钟，或 70℃洗涤 30 分钟）。

6. 在狩猎结束后应该有 48 小时以上的隔离时间，才能通过猪场的入场程序与家猪接触。

九、制定消灭场内有害生物的相关措施

（一）消灭有害生物

有害生物指除了猪场饲养的猪只以外的其他生物，包括鸟类，蚊蝇，寄生虫（包括钝缘蜱）以及啮齿类动物。

1.钝缘蜱感染 ASFV 后能保持病毒的感染性达数月或数年之久，这为 ASFV 的持续感染提供了可能，它在吸取感染动物的血液之后，ASFV 可以在其体内存活数月甚至数年，这使得非洲猪瘟在一定的区域之内持续存在并且长期传播。

2.蚊蝇在实验室条件下也被证明可以有效地将 ASFV 传染给家猪。

（二）评估猪场区域是否存在钝缘软蜱，并制定相应的防控措施

1.使用化学药品控制和消灭钝缘软蜱，如敌百虫、伊维菌素等。

2.注意猪舍内部的蜱虫，有些蜱会生活在猪舍的墙壁、地面、饲槽裂缝内，为了消灭这些地方的蜱，应堵塞猪舍内所有的缝隙和小孔，具体应先向裂缝内撒杀蜱药物，然后以水泥、石灰、黄泥堵塞。

3.定期清除猪场内杂草，消除蜱虫滋生环境，并且避免使用传统的猪舍结构（通常用木头和石头组成，钝缘蜱可以藏匿其中）。

（三）控制场内的鸟类、蚊蝇和啮齿类动物

在条件许可的猪场，可以设立防鸟网，防蝇网和防蚊网，制定并实施场内灭鼠措施和程序。

十、严格无害化处理死亡猪只和粪污

（一）场内划分污染区和清洁区，避免死亡猪只污染清洁区

1. ASFV 感染死亡猪只及其粪便中含有大量的病毒，所以在处理死亡猪只、粪污前应通知猪场相关兽医人员监督。

2. 死猪和粪污处理必须遵循单向流动原则，禁止污染区道路与清洁区道路交叉，禁止猪场之间共用。

3. 禁止出售和食用（包括其他动物食用）任何不明死亡原因的死猪。

（二）无害化处理

彻底无害化处理死亡猪只、解剖残留物和饲料残留物以及粪污等。

1. 运输死亡猪只的车辆是传播疾病的最主要风险，它不应该进入猪场，而是在猪场外面收集该场内死亡猪只的尸体。

2. 驾驶员也不应该进入猪场，而且要严格遵守猪场规定的生物安全措施。

3. 在受 ASF 影响的区域如果发现有家猪和野猪死亡时，应立即通知当地林业或兽医部门，及时排查和检测是否 ASFV 感染所致。

4. 处理死亡猪只或猪粪污时，禁止污水洒落地面，污染环境。

5. 严格按照国家相关规定对死猪和粪污进行无害化处理。

非洲猪瘟病的应急管理

非洲猪瘟对养猪业威胁巨大，是世界范围内养猪业重点防控的疫病，其发病率和死亡率都较高，对我国我省农业农村经济和社会影响很大。当前传统养殖结构难以在短时间内根本改变，而且疫情传播途径错综复杂，防控形势依然严峻。由于我国是全世界最大的猪肉生产和消费国，生猪产业在国民经济发展和人民群众生活中具有不可替代的重要作用，切实做好非洲猪瘟应急防控工作，尽力将该病控制在较小范围，甚至根除该病，意义十分重大。

一、疫情分级

根据疫情流行特点、危害程度和涉及范围，将非洲猪瘟疫情划分为四级：特别重大（Ⅰ级）、重大（Ⅱ级）、较大（Ⅲ级）和一般（Ⅳ级）。

（一）特别重大（Ⅰ级）疫情

全国新发疫情持续增加、快速扩散，30天内多数省份发生疫情，对生猪产业发展和经济社会运行构成严重威胁。

（二）重大（Ⅱ级）疫情

30天内，5个以上省份发生疫情，疫区集中连片，且疫情有进一步扩散趋势。

（三）较大（Ⅲ级）疫情

30天内，2个以上、5个以下省份发生疫情。

（四）一般（Ⅳ级）疫情

30天内，1个省份发生疫情。

必要时，农业农村部将根据防控实际对突发非洲猪瘟疫情具体级别进行认定。

二、疫情预警

发生特别重大（Ⅰ级）、重大（Ⅱ级）、较大（Ⅲ级）疫情时，由农业农村部向社会发布疫情预警。发生一般（Ⅳ级）疫情时，农业农村部可授权相关省级畜牧兽医主管部门发布疫情预警。

三、分级响应

发生非洲猪瘟疫情时，各地、各有关部门按照属地管理、分级响应的原则做出应急响应。

（一）特别重大（Ⅰ级）疫情响应

农业农村部根据疫情形势和风险评估结果，报请国务院启动Ⅰ级应急响应，启动国家应急指挥机构；或经国务院授权，由农业农村部启动Ⅰ级应急响应，并牵头启动多部门组成的应急指挥机构。

全国所有省份的省、市、县级人民政府立即启动应急指挥机构，实施非洲猪瘟防控工作日报告制度，组织开展紧急流行病学调查和排查工作。

对发现的疫情及时采取应急处置措施。各有关部门按照职责分工共同做好非洲猪瘟疫情防控工作。

（二）重大（II级）疫情响应

农业农村部，以及发生疫情省份及相邻省份的省、市、县级人民政府立即启动 II 级应急响应，并启动应急指挥机构工作，实施非洲猪瘟防控工作日报告制度，组织开展监测排查。对发现的疫情及时采取应急处置措施。各有关部门按照职责分工共同做好非洲猪瘟疫情防控工作。

（三）较大（III级）疫情响应

农业农村部，以及发生疫情省份的省、市、县级人民政府立即启动 III 级应急响应，并启动应急指挥机构工作，实施非洲猪瘟防控工作日报告制度，组织开展监测排查。对发现的疫情及时采取应急处置措施。各有关部门按照职责分工共同做好非洲猪瘟疫情防控工作。

（四）一般（IV级）疫情响应

农业农村部，以及发生疫情省份的省、市、县级人民政府立即启动 IV 级应急响应，并启动应急指挥机构工作，实施非洲猪瘟防控工作日报告制度，组织开展监测排查。对发现的疫情及时采取应急处置措施。各有关部门按照职责分工共同做好非洲猪瘟疫情防控工作。

发生特别重大（I级）、重大（II级）、较大（III级）、一般（IV级）等级别疫情时，要严格限制生猪及其产品由高风险区向低风险区调运，对生猪与生猪产品调运实施差异化管理，关闭相关区域的生猪交易场所，具体调运监管方案由农业农村部另行制定发布并适时调整。

四、响应级别调整与终止

根据疫情形势和防控实际，农业农村部、省农业农村厅或相关市州农业农村部门组织对疫情形势进行评估分析，及时提出调整响应级别或终止应急响应的建议。由原启动响应机制的人民政府或应急指挥机构调整响应级别或终止应急响应。

五、疫情应急管理机构与职责

（一）省级应急指挥系统

省政府成立省非洲猪瘟防控应急指挥部，分管副省长任指挥长，省政府分管副秘书长和省农业农村厅厅长任副指挥长。省农业农村厅、省委宣传部（省网信办、省政府新闻办）、省发展和改革委、省公安厅、省财政厅、省生态环境厅、省住房和城乡建设厅、省交通运输厅、省商务厅、省卫生健康委、省应急管理厅、省市场监管局、省林业和草原局、成都海关、民航四川监管局、中国铁路成都局集团有限公司、省邮政管理局为成员单位。

省非洲猪瘟防控应急指挥部办公室设在省农业农村厅，下设秘书材料组、新闻宣传组、疫情处置指导组、案件调查组、流行病学调查组、疫病诊断普查组和后勤保障组等工作组。

省非洲猪瘟防控应急指挥部负责统一对全省非洲猪瘟防控应急处理的领导、指挥和协调，做出处理非洲猪瘟疫情的决策，决定要采取的措施。

省非洲猪瘟防控应急指挥部办公室负责指挥部日常工作，协调有关单位落实指挥部决策部署，对重要事项进行跟踪督办，制定防治政策，部署防控非洲猪瘟疫情工作。

（二）省非洲猪瘟防控应急指挥部专家委员会

省非洲猪瘟防控应急指挥部成立专家委员会，专家委员会是非洲猪瘟防控研究、咨询、指导的专家组织，是省非洲猪瘟防控应急指挥部的决策咨询机构。

主要职责是对突发非洲猪瘟疫情相应级别采取的技术措施提出建议，对突发非洲猪瘟疫情应急准备提出建议，参与制订修订突发非洲猪瘟疫情应急预案和处置技术方案，对突发非洲猪瘟疫情应急处理进行技术指导和培训，对突发非洲猪瘟疫情应急反应的终止和后期评估提出建议，承担突发非洲猪瘟防控应急指挥部和日常管理机构交办的其他工作。

（三）地方应急指挥系统

各市（州）、区（市、县）人民政府相应成立非洲猪瘟防控应急指挥部，做好辖区内非洲猪瘟防控应急处置工作。

六、应急处置

（一）处置依据

依据《中华人民共和国动物防疫法》《中华人民共和国进出境动植物检疫法》《重大动物疫情应急条例》《国家中长期动物疫病防治规划（2012-2020年）》、农业农村部《非洲猪瘟疫情应急实施方案（2019年版）》《非洲猪瘟疫情应急处置指南（试行）》和《四川省中长期动物疫病防治规划（2012-2020年）》《四川省突发重大动物疫情应急预案》等进行处置。

（二）核心要求

迅速从正常状态转换到紧急状态，体现"早""快"；最大限度地把危机事件造成的损害降到最低成程度，体现"严""小"。对疫情发生具有预见能力，对疫情发生后具有处置能力，对处置以后具有恢复能力。

（三）工作原则

按照属地管理的原则，实行政府统一领导、部门分工负责，切实落实防控工作责任制，联防联控，形成防控合力。坚持预防为主，贯彻"加强领导、密切配合、依靠科学、依法防治、群防群控、果断处置"的"二十四字"防控方针。及早发现，快速反应，严格处理，减少损失。

（四）疫情报告

任何单位和个人发现家猪、野猪异常死亡，如出现古典猪瘟免疫失败，或不明原因大范围生猪死亡的情形，应当立即向当地兽医主管部门、动物卫生监督机构或者动物疫病预防控制机构报告。

当地县级动物疫病预防控制机构判定为非洲猪瘟临床可疑疫情的，应在 2 小时内报告本地兽医主管部门，并逐级上报至省级动物疫病预防控制机构。

省级动物疫病预防控制机构判定为非洲猪瘟疑似疫情时，应立即报告省级兽医主管部门、中国动物疫病预防控制中心和中国动物卫生与流行病学中心；省级兽医主管部门应在 1 小时内报告省级人民政府和农业部兽医局。

中国动物卫生与流行病学中心（国家外来动物疫病研究中心）或农业部指定实验室判定为非洲猪瘟疫情时，应立即报告农业部兽医局并抄送中国动物疫病预防控制中心，同时通知疫情发生地省级动物疫病预防控制机构。省级动物疫病预防控制机构应立即报告省级兽医主管部门，省级兽医主管部门应立即报告省级人民政府。

（五）疫情确认

经县级以上两名兽医师临床观察，符合《非洲猪瘟防治技术规范》规定的流行病学特点、临床症状和病理变化，判定为临床可疑疫情。

首次发生疑似非洲猪瘟疫情的省份，按照《农业农村部办公厅关于做好非洲猪瘟实验室检测工作的通知》（农办牧〔2018〕54号）（以下简称《通知》）有关要求，由中国动物卫生与流行病学中心进行确诊。再次发生疑似非洲猪瘟疫情的，由省级动物疫病预防控制机构进行确诊；各受委托实验室发现疑似阳性结果，要将疑似阳性样品送省级动物疫病预防控制机构进行确诊。确诊后将病料样品送中国动物卫生与流行病学中心备份。

（六）可疑和疑似疫情的应急处置

采取边调查、边处理、边核实的方式，对发生可疑和疑似疫情的相关场点实施严格的隔离、监视，并对有流行病学关联的场点按照《非洲猪瘟紧急排查工作方案》开展排查监测、采样送检。禁止易感动物及其产品、饲料及垫料、废弃物、运载工具、有关设施设备等移动，并对其内外环境进行严格消毒，使用碱类、酚类、氯制剂、醛类等高效消毒药，每天消毒3~5次。拟定疫点、疫区、受威胁区，摸清易感动物数量、分布；必要时，报请当地政府采取封锁、扑杀等措施。

（七）确诊疫情的应急处置

按照"四强制、两强化"（强制封锁、强制扑杀、强制无害化处理、强制消毒，强化监督管理、强化疫情报告）

1. 划定原则

疫情发生地县级以上农业部门划定疫点、疫区和受威胁区。以发病猪

所在的养殖场 / 自然村 / 放养地 / 运载工具 / 交易市场 / 屠宰加工厂（场）/ 边检站为疫点，疫点外延 3 km 为疫区，疫区外延 10 km（有野猪活动 50 km）为受威胁区。

2. 封锁原则

疫情发生所在地的县级农业农村部门报请本级人民政府对疫区实行封锁，由当地人民政府依法发布封锁令。疫区跨行政区域时，由有关行政区域共同的上一级人民政府对疫区实行封锁，或者由各有关行政区域的上一级人民政府共同对疫区实行封锁。必要时，上级人民政府可以责成下级人民政府对疫区实行封锁。

3. 疫点处置

禁止易感动物出入和相关产品调出。对活猪采用无血（如电击）致死方式扑杀；对病死猪、被扑杀猪及其产品采取焚烧、深埋、化制等方式就近无害化处理；对排泄物、餐厨垃圾、被污染或可能被污染的饲料和垫料等采取深埋、密封发酵等方式无害化处理；对被污染或可能被污染的物品、交通工具、用具、猪舍、场地、污水彻底消毒；对出入人员、车辆和相关设施要按规定进行消毒。

4. 疫区处置

禁止易感动物出入和相关产品调出；关闭生猪交易市场和屠宰场；疫区周围设立警示标志；出入疫区的交通路口设置临时消毒站，对出入的人员和车辆进行消毒；生猪养殖场（户）等场所进行严格消毒；开展流行病学调查、疫情排查和采样送检工作，根据调查和检测结果确定扑杀范围。

5. 受威胁区处置

禁止易感动物出入和相关产品调出；关闭生猪交易市场；对生猪养殖场（户）、屠宰场开展疫情排查和临床监视，掌握疫情动态。

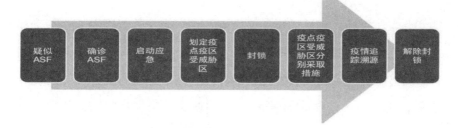

图 10　疫情确诊与应急处置程序图

（八）生猪移动监管

1. 调运监管

发生特别重大（Ⅰ级）、重大（Ⅱ级）、较大（Ⅲ级）、一般（Ⅳ级）等级别疫情时，要严格限制生猪及其产品由高风险区向低风险区调运，对生猪与生猪产品调运实施差异化管理，关闭相关区域的生猪交易场所，具体调运监管方案按农业农村部的规定执行，并根据本省实际进行调整。

2. 动物检疫

落实养殖场（户）和生猪屠宰企业主体责任，按规定进行非洲猪瘟检测和申报检疫。屠宰企业要负责做好屠宰环节非洲猪瘟的检测工作，对于检出非洲猪瘟病毒核酸阳性，或发现可疑临床表现和病理变化的生猪及其产品，要严格进行无害化处置。动物卫生监督机构要以检测结果为依据，加强生猪产地检疫和屠宰检疫工作。

3. 省境封堵

设立省际边境监督检查站（或临时检查站），以检测结果为依据，强化省际"指定通道"查验准入制度，严格生猪及其产品调运监管。对外省违规调入和本省违规调出的生猪及其产品，要依法及时查封，并监督货主进行无害化处理，一律不得劝返。在农业农村部门的统一部署和协调下，公安、交通等部门要充分发挥行业优势，积极协助开展省际监督检查和封堵工作，确保切断疫病传播途径。

（九）解除封锁和恢复生产

疫点为养殖场、交易场所的。疫点和疫区应扑杀范围内的生猪全部死亡或扑杀完毕，并按规定进行消毒和无害化处理42天后（未采取"哨兵猪"监测措施的）未出现新发疫情的；或者按规定进行消毒和无害化处理15天后，引入哨兵猪继续饲养15天后，哨兵猪未发现临床症状且病原学检测为阴性，未出现新发疫情的，经疫情发生所在县的上一级农业农村部门组织验收合格后（验收应邀请省非洲猪瘟防控专家委员会3名以上专家参与），由所在地县级农业农村部门向原发布封锁令的人民政府申请解除封锁，由该人民政府发布解除封锁令，并通报毗邻地区和有关部门。

疫点为生猪屠宰加工企业的。对农业农村部门排查发现的疫情，应对屠宰场进行彻底清洗消毒，经当地农业农村部门对其环境样品和生猪产品检测合格，经过15天后，由疫情发生所在县的上一级农业农村部门组织开展动物疫病风险评估通过后，方可恢复生产。对疫情发生前生产的生猪产品，抽样检测和风险评估表明未污染非洲猪瘟病毒的，经就地高温处理后可加工利用。

对屠宰场主动排查报告的疫情，应进行彻底清洗消毒，经当地农业农村部门对其环境样品和生猪产品检测合格，经过48小时后，由疫情发生所在县的上一级农业农村部门组织开展动物疫病风险评估通过后，可恢复生产。对疫情发生前生产的生猪产品，抽样检测表明未污染非洲猪瘟病毒的，经就地高温处理后可加工利用。

疫区内的生猪屠宰企业，企业应进行彻底清洗消毒，经当地农业农村部门对其环境样品和生猪产品检测合格，经过48小时后，由疫情发生所在县的上一级农业农村部门组织开展动物疫病风险评估通过后，可恢复生产。

解除封锁后，在疫点和疫区应扑杀范围内，对需继续饲养生猪的养殖场（户），应引入哨兵猪并进行临床观察，饲养45天后（期间猪只不得调出），对哨兵猪进行血清学和病原学检测，均为阴性且观察期内无临床异常的，相关养殖场（户）方可补栏。

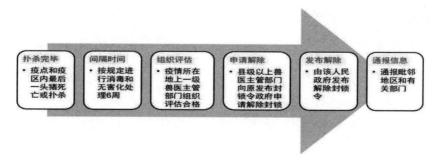

扑杀完毕	间隔时间	组织评估	申请解除	发布解除	通报信息
• 疫点和疫区内最后一头猪死亡或扑杀	• 按规定进行消毒和无害化处理6周	• 疫情所在地上一级兽医主管部门组织评估合格	• 县级以上兽医主管部门向原发布封锁令政府申请解除封锁	• 由该人民政府发布解除封锁令	• 通报毗邻地区和有关部门

图 11　疫情处置结束解除封锁程序图

七、紧急流行病学调查

（一）调查准备

1. 组织准备

每个发病场点的调查通常以 3 人为一组，包括：

流行病学人员。负责调查方案的制订、调查人员分工、现场勘查和访谈、数据采集与分析等工作。

实验室人员。负责制订采样方案、采集样品，协助开展现场勘查、访谈和数据采集工作。

联络人。负责工作组与地方有关部门间的协调，协助开展样品采集、访谈等工作。

如有必要，调查小组中应加入如公安、食药监等相关部门的人员，共同开展追溯追踪工作。

2. 知识准备

调查小组成立后，组长应组织开展调查前培训，统一目标，明确具体分工，分享已获取的信息。

（1）调查目标。追溯疫病可能来源，追踪可疑风险（动物、产品、人员、车辆等）去向；阐明疫病流行特点、评估流行扩散风险；提出防控措施建议。

（2）基础知识。非洲猪瘟病原特征、感染和致病机制、传播主要路径、应急预案和技术规范等。开展调查前，相关人员必须熟悉以下流行病学基础知识：

潜伏期。非洲猪瘟潜伏期通常为 4 ~ 19 天，急性感染潜伏期为 3 ~ 4 天。OIE《陆生动物卫生法典》中将野猪的潜伏期定为 15 天。

感染猪及其污染物。感染猪在急性期可经分泌物和带血排泄物大量排毒，调运感染猪、污染的车辆，可远距离传播扩散疫情。

生猪产品。污染的肉品、血液及其制品，混入生肉、血液的泔水，含有猪血液成分的饲料，是导致疫情隐形传播的重要因素。

精液/胚胎。非洲猪瘟病毒在精液中存在并能够通过精液传播。初步证据表明，只要胚胎处理得当，危险性较低。

人员和医疗器具。已经证实，兽医、饲养人员、贩运人员及相关医疗器具接触病猪、污染产品和其他污染物后，可以传播疫情。

媒介。吸血节肢动物如钝缘蜱、厩螫蝇等可以传播疫情。

场内传播。非洲猪瘟病毒在猪场可持续存在 3 个月甚至更长时间。污染猪场清洗后 3 天仍具有感染性。非洲猪瘟病毒可以通过空气在猪场内传播，但不能跨场传播。

（3）生物安全。了解调查中需遵守的生物安全操作要求。

（4）事件概况。包括"首诊"的兽医、已经开展的调查情况（方法、结果）、已有的调查报告，以及采取的初步措施及效果等，特别是调查中已/可能出现的敏感问题。

3.物资准备

车辆准备。车辆应能适应当地环境，如山区、丘陵地区以越野车辆为宜。调查期间，车辆不得携带无关物品。必要时，在车内铺塑料布防止污染。车辆往返场户前后须清洗消毒。

物品准备。包括调查表、采样设备和试剂、电脑、照相机和个人防护用品、通讯器材等。

推荐的物品清单如下：

进场所需材料

- 一次性生物安全防护服
- 一次性口罩
- 一次性乳胶手套
- 胶靴，一次性鞋套或靴套
- 洗涤剂及刷子

- 消毒湿巾、免洗洗手液
- 消毒剂、喷壶（适用于 ASFV 的消毒剂）
- 垃圾袋（包括生物危险品垃圾袋）
- 自封袋（用来装手机或其他设备）
- 密封用胶带

采样所需材料

一般材料

- 标签和记号笔；
- 盛放针头和刀片的锐器盒
- 高压灭菌袋

- 数据记录表、笔、写字板
- 用于环境采样的拭子和盛放拭子用的离心管

样品包装运输所需材料

- 容器 / 离心管 / 小瓶（防漏并标示清楚）

- 吸水纸

- 密封性好的容器或袋子，作为二次包装（即防漏）、用于储存动物样品的容器和采血管

- 冷藏箱（4 ℃）

- 便携式 –80 ℃冷冻箱 / 干冰 / 液氮罐（仅在远离设备齐全的实验室进行取样时才需要）

- 保定动物的材料（如套索、木板）

组织采样所需材料

- 不含抗凝剂的无菌采血管（10 mL）

- 含有 EDTA 的无菌采血管（10 mL）

- 根据猪的大小和采样部位选取真空采血管或 10 ~ 20 mL 注射器

- 消毒剂和脱脂棉（酒精棉）

（二）调查方法

1. 建立病例定义

病例定义可分为可疑病例、疑似病例和确诊病例，通常包括疫病识别

指标（临床症状、剖检病理变化、治疗情况）、流行病学指标（时间、地点、畜群、与其他疾病的联系、相关风险因素）、实验室检测结果等。

（1）可疑病例。符合非洲猪瘟的流行病学特点、临床表现和病理变化，判定为可疑病例。

流行病学标准：

已经按照程序规范免疫猪瘟、高致病性蓝耳病等疫苗，但猪群发病率、病死率依然较高的；饲喂泔水的猪群，出现高发病率、高病死率的；调入猪群、更换饲料、外来人员和车辆进入猪场、畜主和饲养人员购买生猪产品后，15天内出现高发病率、高死亡的。

符合上述三条之一的，视为符合流行病学标准。

临床症状标准：

①发病率、病死率较高的；

②皮肤发红或发紫的；

③出现高热或结膜炎症状的；

④出现腹泻或呕吐症状的；

⑤出现运动失调症状的。

符合第①②两条，且符合③④⑤条之一的，视为符合临床症状标准。

剖检症状：

①脾脏异常肿大（两倍甚至以上）、易碎；

②脾脏有出血性梗死；

③下颌淋巴结出血；

④腹腔淋巴结出血。

符合第①条或者其余所有3条的，视为符合剖检症状标准。

（2）疑似病例。对可疑病例，经农业部指定实验室任一血清学方法或病原学快速检测方法检测，结果为阳性的，判定为疑似病例。

（3）确诊病例。对疑似病例，经中国动物卫生与流行病学中心（国家外来动物疫病研究中心）复核，结果为阳性的，判定为确诊病例。

2. 调查范围

阳性场点；周边养猪场户；与阳性场点有流行病学关联的养猪场、屠宰场、饲料厂、餐饮机构、生猪交易市场和农贸市场等。

3. 抽样检测

根据已制定的采样方案，结合现场实际情况，开展样品采集工作。

养殖场户。通常采集死猪组织样品、生猪全血样品、环境样品、饲料样品。如饲喂泔水，采集泔水和泔水桶样品；如生猪已清群，采集粪便和环境样品。

市场和屠宰场。采集血样、组织样品、环境样品。采集组织样品时，以淋巴结、血污染的肉品等为宜。

餐饮机构。采集案板、刀具、冰箱血污处的环境样品，血污染的肉品、废弃边角料、泔水样品等。

车辆。采集粪便、污物等样品。

（三）现场调查

1. 现况调查

（1）资料收集。当地卫星地图或大比例尺地图，标出疫点、疫区与受威胁区。如养殖场户发病，调阅养殖场户生产记录，了解存出栏、饲养管理、疫苗和药品使用、发病死亡等情况；如屠宰场检出阳性，调阅屠宰检疫记录、无害化处理记录、生猪进场记录、猪肉产品出场记录、急宰记录等；如交易市场检出阳性，调阅调运记录、检疫证、无害化处理记录等。

从当地动物卫生监督机构，调阅生猪无害化处理、生猪保险理赔（含死亡猪照片）和生猪调运等记录，查找其他可疑线索，分析疫情可能去向。

如是发病场（户）地处山区丘陵地带，请林业部门提供野猪和软蜱分布情况。

（2）核实诊断。利用已收集到的信息，参照病例定义，检索病例。

比较检索到发病数量与既往正常水平的差别，结合疑似病例的临床表现、剖检病变和流行病学资料，综合分析做出判断。

必要时采集样品送检。

（3）现场勘查与访谈。借助卫星地图，了解阳性场点周边环境。现场勘查，寻找首发病例，重点了解疫点首发病例出现之前20天情况。绘制阳性场点布局图，标出发病栏舍和发病顺序。并重点对以下人员进行访谈：

畜主、饲养人员、兽医。了解饲养管理、最早发病时间、每天发病死亡数、免疫、诊疗、首发（第一例）病例发病前20天内的人员往来和生猪调运等信息。

当地防疫员和动物疫病预防控制中心人员。了解疫点所在区域，尤其是疫区和受威胁区养猪场（户）的分布、存出栏、主要流行病种、疫苗使用等信息；核实发病场户饲养管理、发病（含既往）等信息；索取发病场户调查报告。

当地动物卫生监督机构人员。了解发病场点相关经纪人、生猪交易市场、屠宰场等信息，绘制生猪市场链图；索要已开展的访谈笔录。

如公安部门已有询问笔录，协调获取。

寻找首发病例、明确不同圈舍发病顺序，是开展后续追溯和追踪的关键。

（4）样品采集。根据现场实际，采样送检。

2. 追溯调查

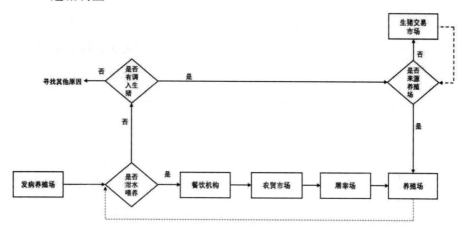

图 12　疫情追溯过程示意图（泔水饲喂、生猪调入为风险因素）

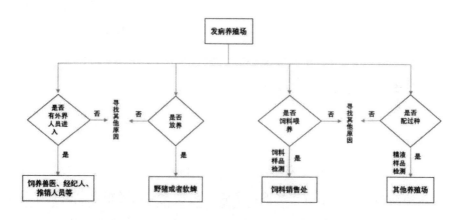

图 13　疫情追溯过程示意图（其他可能的风险因素）

（1）发病场户。对养殖场户人员主要采取问卷调查和访谈方式获取信息。

第一例可疑病例发病前 20 天内的饲养情况，病死猪处理情况，以及猪肉制品购买、使用和处理等情况。

如饲喂泔水，调查该户泔水的来源及处理方式，必要时采集泔水样品送检。

第一例可疑病例发病前 20 天内，生猪调入情况，如来源、经手经纪人，运输车辆、数量等。

第一例可疑病例发病前 20 天内，饲料更换情况，如饲料中是否含有猪血成分，饲料来源、猪血成分来源屠宰场、加工处理工艺，以及使用该饲料的其他场户是否发病等。

无上述 4 种情况时，重点调查养殖人员、相关技术服务人员、贩运人员在第一例可疑病例发病前 20 天内的活动情况。包括是否购买过生猪、猪肉制品等相关信息。

（2）餐饮机构（泔水来源地）。对餐饮机构人员主要采取问卷调查和访谈方式获取信息：猪肉、下水及猪肉制品来源和数量，如有检疫证或相关记录，拍照留存；猪肉处理加工程序、泔水日产量和去向；采集案板、泔水、猪肉、猪下水等相关样品。

（3）屠宰场（点）。对屠宰场（点）主要采取问卷调查和访谈方式获取信息：了解屠宰场（点）地理位置、屠宰加工能力、生猪主要来源、检疫程序、猪肉供给情况、场点清洗消毒及无害化处理、产品去向情况等，采集相关调运数据；采集生产线、污水、血罐、冷库等环境样品，以及相关组织样品。

（4）交易市场。对交易市场主要采取问卷调查和访谈方式获取信息。

生猪交易市场。了解市场商户数量、日均交易量、交易品种、生猪来源和去向、市场生物安全情况、运输车辆信息等，必要时采样送检。

农贸市场。了解市场猪肉产品来源、清洗消毒措施等，对肉及其制品进行采样检测。

（5）饲料厂。对饲料厂主要采取访谈方式获取如下信息：饲料中是否含有猪血成分，猪血成分的来源、加工处理工艺，与疑似导致疫点生猪发病的饲料的同批饲料去向等。

（6）兽医人员 / 村级防疫员。对兽医人员和村级防疫员，主要采取访谈方式获取如下信息：发病场户及周边场户生猪的病死情况、无害化处理情况等，判断当地的疫情范围，以及发病场户猪群的发病时间、数量、疫情来源、扩散风险等。

（7）经纪人。对生猪经纪人、承运司机主要采取访谈方式获取信息。了解检疫证出证情况、生猪来源、数量、健康及发病状况，收购方式，运输路线和途中停靠地点，运输工具和清洗消毒情况等。

3. 追踪调查

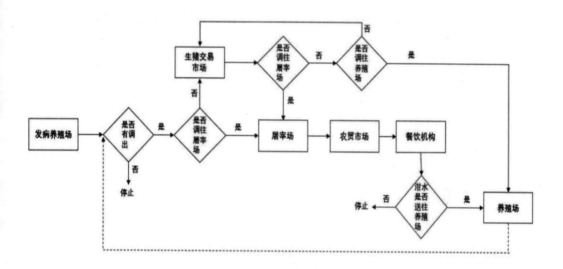

图 14　追踪调查示意图

（1）养殖场户。调查第一例疑似病例发病后生猪调运情况，追踪生猪去向。如调往屠宰场，调阅屠宰记录、该批猪检疫证、无害化处理记录等；如调往其他养猪场，调查调入生猪的猪场的发病、死亡等情况。

调查使用相似来源泔水的养殖场户生猪调运、污染物处理和人员活动情况。

（2）屠宰场（点）。调查疫点所在县区和有流行病学关联的屠宰场点是否有脾脏异常肿大等特征性病变的情况，并采集可疑样品送检。

（3）无害化处理场。对照保险理赔记录和无害化处理记录及照片，了解病死猪和污染物的处理情况。

（4）餐饮机构。调查泔水去向。

（5）其他。重点对当地生猪经纪人、饲料兽药等企业的技术服务人员进行调查，了解是否有异常情况出现。

（四）数据分析

对收集到的相关数据，使用 Excel 或 SPSS 等软件进行数据录入和整理。紧急调查时多使用描述性分析，明晰疫病发生的时间、空间和群间（三间）分布，提出疫源、传播途径和风险因素假设，并进行验证。

1. 频率测量

计算不同空间、群间的发病率、死亡率、病死率等频率测量指标，显示强度，为形成假设提供参考信息。

$$发病率 = \frac{某段时间新病例数}{同期内该群体动物的平均数} \times 100\%$$

$$死亡率 = \frac{某段时间死亡病例数}{同期内该群体动物的平均数} \times 100\%$$

$$病死率 = \frac{某时期因某病死亡动物数}{同期患该病的动物数} \times 100\%$$

注：针对每个疫点非洲猪瘟疫情开展的流行病学调查工作周期较短，观察期内疫点或疫区易感的猪群数量出现较大变动的可能性较低，因此计算发病率和死亡率的分母均用"同期内该群体动物的平均数"表。

2. 时间分布

以时间为横坐标、发病数为纵坐标，以直方图的格式绘制流行曲线，用于提供以下信息：传播模式；暴发规模；病原进入时段；疫病的潜伏期。

3. 空间分布

如出现小范围内有多个发病场户的现象，应借助 ArcGIS、QGIS 等 GIS 软件，绘制空间分布图（地图或布局图），通过水系、地形、公路等不同图层的加载，进行可视化分析，为病因的探讨及防治措施的制定提供依据。

4. 群间分布

制作分类对照表，对比群间发病差异。如按照不同的圈舍发病死亡情况绘制表格，进行统计分析，提供病因线索。

5. 建立假设并验证

通常可根据描述性分析结果建立假设。假设通常包括病原的可能来源、传播的方式和载体、引发非洲猪瘟的特殊暴露因素等。假设应具备合理性、被事实支持、可解释多数病例。

如某地疫情呈现聚集性分布，且调查数据支持，可采取病例对照研究，对假设进行定量验证，识别可能的风险因素。假设验证的定量标准包括关联的强度、关联的时间顺序、合理性、特异性等。

如调查数据不支持，可采用排除法，对假设进行定性验证。

如有必要，可进行补充调查，丰富调查数据，定量进行假设验证。

（五）书面报告

非洲猪瘟在我国暴发时日尚短，通过每个发病场点的书面调查报告，可进一步阐明非洲猪瘟在我国的流行特点，为评估流行扩散风险、改进非洲猪瘟防控措施提供必要的技术支撑。此外，调查的书面报告是促进现场流行病学调查工作完善的重要手段。

通常书面调查报告分为初步报告、进程报告和总结报告。

1. 初步报告

通常包括调查所用方法，初步流行病学调查和实验室结果、初步的病因假设以及下一步工作建议等。

2. 进程报告

在现场调查中，通常每日向上级汇报疫情发展趋势、疫情调查处理的进展，以及调查处理中存在的问题和下一步工作建议等。

3. 总结报告

调查基本结束后，起草总结报告，包括描述暴发或流行的总体情况、引起暴发或流行的主要原因、采取的控制措施及效果评价，以及应吸取的经验教训和对今后的工作建议等。

（六）生物安全防护

1. 抵达受访场户

车辆严禁入场；区分清洁区和非清洁区；在养殖场指定的地点（清洁区），穿戴个人防护设备（如需要，应遵循场地的要求进行个人防护），并进行物资的准备、制备消毒剂等；自带水稀释洗涤剂和消毒剂；取掉所有不必要的衣服和物品（如夹克、领带、手表等），并清空口袋，按照场地进场程序（沐浴洗澡或者其他方式）进入；场地内所需要的电子设备（如移动电话）应始终放置在密封的塑料袋中，以便随后进行清洁和消毒。在场地的时候，只能通过塑料袋使用手机，不要从袋子里拿出来；如需要，其他非一次性物品应按照场地物资进场程序进行消毒后进场；同一批调查人员尽量不要出入不同场点。

2. 穿戴个人防护设备

穿戴个人防护设备应在清洁区；脱下鞋子，并放在塑料布上；在遵守养殖场进场要求的前提下，部分场需要脱去全部个人衣服，洗澡后穿戴养殖场内部衣服方可进场；部分场可以首先穿戴一次性防护服，穿上靴子。戴手套，手套要用胶带封上；如果需要穿防水服，防水服应套在靴子外层。再戴一层手套，方便中间更换；靴套至少覆盖胶鞋底部和下部；进场前，戴口罩并仔细检查物品清单。

3. 离场前

在非清洁区域对接触过养殖场的所有物品进行清洗和消毒处理；对盛放样品容器的表面进行消毒，然后放在清洁区；脱下鞋套放入非清洁区的垃圾袋中，然后彻底擦洗靴子（特别是鞋底）；脱下手套并放入非清洁区的垃圾袋中；脱下一次性防护服并放入非清洁区的垃圾袋中；脱下靴子，对靴子进行消毒后放入清洁的袋子里；手和眼镜也必须进行消毒，并用消毒湿巾清洁脸部；进入生产区域的人员在指定区域进行沐浴洗澡更衣后方可离开；非一次性物品（胶靴等）和盛放样品的容器用双层袋盛放并胶带封装。可穿回日常的鞋子；携带出养殖场的袋子需放在车辆内预先铺好的塑料布上；进入生产区域的人员在指定区域进行沐浴洗澡更衣后方可离开；接触过样品或潜在污染的车辆进行重点清洗消毒；在离开可能受到污染的区域之前，清洁和消毒汽车的轮胎和表面。清除所有可见的污垢。不要忘记清理隐藏的区域，如车轮拱、轮胎板和汽车底部。清除所有污垢后，用消毒剂喷洒表面；处理车内所有垃圾并清理所有污垢（应妥善处理垃圾）；用浸有消毒剂的布擦拭方向盘、变速杆、踏板、手闸等。

4. 离场后

如家中没有饲养生猪，可以回家淋浴并彻底清洗头发；将当天所穿衣服浸泡在消毒剂中 30 分钟；如果家中饲养生猪，应在其他地方进行清洗。

即使进行足够的清洁和消毒，参与对感染场地进行暴发调出的人员 24 小时内不得访问其他的场地，以防止该疾病的意外传播。

附录　技术资料

非洲猪瘟疫情应急实施方案（2019年版）（农业农村部印发）

为有效预防、控制和扑灭非洲猪瘟疫情，切实维护养猪业稳定健康发展，保障猪肉产品供给安全，根据《中华人民共和国动物防疫法》《中华人民共和国进出境动植物检疫法》《重大动物疫情应急条例》《国家突发重大动物疫情应急预案》等有关规定，制定本实施方案。

一、疫情报告与确认

任何单位和个人，一旦发现生猪、野猪异常死亡等情况，应立即向当地畜牧兽医主管部门、动物卫生监督机构或者动物疫病预防控制机构报告。

县级以上动物疫病预防控制机构接到报告后，根据临床诊断和流行病学调查结果怀疑发生非洲猪瘟疫情的，应判定为可疑疫情，并及时采样送省级动物疫病预防控制机构进行检测。相关单位在开展疫情报告、送检、调查等工作时，要及时做好记录备查。

对首次发生疑似非洲猪瘟疫情的省份，省级动物疫病预防控制机构根据检测结果判定为疑似疫情后，应立即将样品送中国动物卫生与流行病学中心确诊，同时按要求将疑似疫情信息以快报形式报中国动物疫病预防控制中心。

对再次发生疑似非洲猪瘟疫情的省份，由省级动物疫病预防控制机构进行确诊，同时按要求将确诊疫情信息以快报形式报中国动物疫病预防控制中心，将病料样品送中国动物卫生与流行病学中心备份。

对由中国动物卫生与流行病学中心确诊的疫情，中国动物卫生与流行病学中心按规定同时将确诊结果通报样品来源省级动物疫病预防控制机构和中国动物疫病预防控制中心。中国动物疫病预防控制中心按程序将有关信息报农业农村部。农业农村部根据确诊结果和相关信息，认定并发布非洲猪瘟疫情。

在生猪运输过程中，动物卫生监督检查站查到的非洲猪瘟疫情，其疫情认定程序，由农业农村部另行规定。

各地海关、林业和草原部门发现可疑非洲猪瘟疫情的，要及时通报所在地省级畜牧兽医主管部门。所在地省级畜牧兽医主管部门按照上述要求及时组织开展样品送检、信息上报等工作，按职责分工，与海关、林业和草原部门共同做好疫情处置工作。农业农村部根据确诊结果，认定并发布疫情。

二、疫情响应

（一）疫情分级

根据疫情流行特点、危害程度和涉及范围，将非洲猪瘟疫情划分为四级：特别重大（Ⅰ级）、重大（Ⅱ级）、较大（Ⅲ级）和一般（Ⅳ级）。

1. 特别重大（Ⅰ级）疫情全国新发疫情持续增加、快速扩散，30天内多数省份发生疫情，对生猪产业发展和经济社会运行构成严重威胁。

2.重大（Ⅱ级）疫情

30天内，5个以上省份发生疫情，疫区集中连片，且疫情有进一步扩散趋势。

3.较大（Ⅲ级）疫情

30天内，2个以上、5个以下省份发生疫情。

4.一般（Ⅳ级）疫情

30天内，1个省份发生疫情。

必要时，农业农村部将根据防控实际对突发非洲猪瘟疫情具体级别进行认定。

（二）疫情预警

发生特别重大（Ⅰ级）、重大（Ⅱ级）、较大（Ⅲ级）疫情时，由农业农村部向社会发布疫情预警。发生一般（Ⅳ级）疫情时，农业农村部可授权相关省级畜牧兽医主管部门发布疫情预警。

（三）分级响应

发生非洲猪瘟疫情时，各地、各有关部门按照属地管理、分级响应的原则作出应急响应。

1.特别重大（Ⅰ级）疫情响应

农业农村部根据疫情形势和风险评估结果，报请国务院启动Ⅰ级应急响应，启动国家应急指挥机构；或经国务院授权，由农业农村部启动Ⅰ级应急响应，并牵头启动多部门组成的应急指挥机构。

全国所有省份的省、市、县级人民政府立即启动应急指挥机构，实施非洲猪瘟防控工作日报告制度，组织开展紧急流行病学调查和排查工作。对发现的疫情及时采取应急处置措施。各有关部门按照职责分工共同做好非洲猪瘟疫情防控工作。

2. 重大（Ⅱ级）疫情响应

农业农村部，以及发生疫情省份及相邻省份的省、市、县级人民政府立即启动Ⅱ级应急响应，并启动应急指挥机构工作，实施非洲猪瘟防控工作日报告制度，组织开展监测排查。对发现的疫情及时采取应急处置措施。各有关部门按照职责分工共同做好非洲猪瘟疫情防控工作。

3. 较大（Ⅲ级）疫情响应

农业农村部，以及发生疫情省份的省、市、县级人民政府立即启动Ⅲ级应急响应，并启动应急指挥机构工作，实施非洲猪瘟防控工作日报告制度，组织开展监测排查。对发现的疫情及时采取应急处置措施。各有关部门按照职责分工共同做好非洲猪瘟疫情防控工作。

4. 一般（Ⅳ级）疫情响应

农业农村部，以及发生疫情省份的省、市、县级人民政府立即启动Ⅳ级应急响应，并启动应急指挥机构工作，实施非洲猪瘟防控工作日报告制度，组织开展监测排查。对发现的疫情及时采取应急处置措施。各有关部门按照职责分工共同做好非洲猪瘟疫情防控工作。

发生特别重大（Ⅰ级）、重大（Ⅱ级）、较大（Ⅲ级）、一般（Ⅳ级）等级别疫情时，要严格限制生猪及其产品由高风险区向低风险区调运，对生猪与生猪产品调运实施差异化管理，关闭相关区域的生猪交易场所，具体调运监管方案由农业农村部另行制定发布并适时调整。

（四）响应级别调整与终止

根据疫情形势和防控实际，农业农村部或相关省级畜牧兽医主管部门组织对疫情形势进行评估分析，及时提出调整响应级别或终止应急响应的建议。由原启动响应机制的人民政府或应急指挥机构调整响应级别或终止应急响应。

三、应急处置

（一）可疑和疑似疫情的应急处置

对发生可疑和疑似疫情的相关场点实施严格的隔离、监视，并对该场点及有流行病学关联的养殖场（户）进行采样检测。禁止易感动物及其产品、饲料及垫料、废弃物、运载工具、有关设施设备等移动，并对其内外环境进行严格消毒。必要时可采取封锁、扑杀等措施。

（二）确诊疫情的应急处置

疫情确诊后，县级以上畜牧兽医主管部门应当立即划定疫点、疫区和受威胁区，开展追溯追踪调查，向本级人民政府提出启动相应级别应急响应的建议，由当地人民政府依法做出决定。

1. 划定疫点、疫区和受威胁区

疫点：发病猪所在的地点。相对独立的规模化养殖场（户）、隔离场，以病猪所在的养殖场（户）、隔离场为疫点；散养猪以病猪所在的自然村为疫点；放养猪以病猪活动场地为疫点；在运输过程中发现疫情的，以运载病猪的车辆、船只、飞机等运载工具为疫点；在牲畜交易场所发生疫情的，以病猪所在场所为疫点；在屠宰加工过程中发生疫情的，以屠宰加工厂（场）（不含未受病毒污染的肉制品生产加工车间）为疫点。

疫区：一般是指由疫点边缘向外延伸 3 千米的区域。

受威胁区：一般是指由疫区边缘向外延伸 10 千米的区域。对有野猪活动地区，受威胁区应为疫区边缘向外延伸 50 千米的区域。

划定疫点、疫区和受威胁区时，应根据当地天然屏障（如河流、山脉等）、人工屏障（道路、围栏等）、行政区划、饲养环境、野猪分布情况，以及疫情追溯追踪调查和风险分析结果，必要时考虑特殊供给保障需要，综合评估后划定。

2. 封锁

疫情发生所在地的县级畜牧兽医主管部门报请本级人民政府对疫区实行封锁，由当地人民政府依法发布封锁令。

疫区跨行政区域时，由有关行政区域共同的上一级人民政府对疫区实行封锁，或者由各有关行政区域的上一级人民政府共同对疫区实行封锁。必要时，上级人民政府可以责成下级人民政府对疫区实行封锁。

3. 疫点内应采取的措施

疫情发生所在地的县级人民政府依法及时组织扑杀疫点内的所有生猪，并对所有病死猪、被扑杀猪及其产品进行无害化处理。

对排泄物、餐厨剩余物、被污染或可能被污染的饲料和垫料、污水等进行无害化处理。对被污染或可能被污染的物品、交通工具、用具、猪舍、场地环境等进行彻底清洗消毒。出入人员、运载工具和相关设施设备要按规定进行消毒。禁止易感动物出入和相关产品调出。疫点为生猪屠宰加工企业的，停止生猪屠宰活动。

4. 疫区内应采取的措施

疫情发生所在地的县级以上人民政府应按照程序和要求，组织设立警示标志，设置临时检查消毒站，对出入的相关人员和车辆进行消毒。禁止易感动物出入和相关产品调出。关闭生猪交易场所。对生猪养殖场（户）、交易场所等进行彻底消毒，并做好流行病学调查和风险评估工作。

对疫区内的养殖场（户）进行严格隔离，经病原学检测为阴性的，存栏生猪可继续饲养或就近屠宰。对病原学检测为阳性的养殖场户，应扑杀其所有生猪，并做好清洗消毒等工作。疫区内的生猪屠宰企业，停止生猪屠宰活动，采集猪肉、猪血和环境样品送检，并进行彻底清洗消毒。

对疫点、疫区内扑杀的生猪原则上应当就地进行无害化处理，确需运出疫区进行无害化处理的，须在当地畜牧兽医部门监管下，使用密封装载工具（车辆）运出，严防遗撒渗漏；启运前和卸载后，应当对装载工具（车辆）进行彻底清洗消毒。

5. 受威胁区应采取的措施

禁止生猪调出调入，关闭生猪交易场所。疫情发生所在地畜牧兽医部门及时组织对生猪养殖场（户）全面开展临床监视，必要时采集样品送检，掌握疫情动态，强化防控措施。

受威胁区内的生猪屠宰企业，应当暂停生猪屠宰活动，并彻底清洗消毒；经当地畜牧兽医部门对其环境样品和猪肉产品检测合格，由疫情发生所在县的上一级畜牧兽医主管部门组织开展动物疫病风险评估通过后，可恢复生产。

6. 运输途中发现疫情的疫点、疫区和受威胁区应采取的措施

疫情发生所在地的县级人民政府依法及时组织扑杀疫点内的所有生猪，对所有病死猪、被扑杀猪及其产品进行无害化处理，对运载工具进行彻底清洗消毒，不得劝返。当地可根据风险评估结果，确定是否需划定疫区和受威胁区并采取相应处置措施。

（三）野猪和虫媒控制

养殖场户要采取措施避免饲养的生猪与野猪接触。各地林业和草原部门要对疫区、受威胁区及周边地区野猪分布状况进行调查和监测。在钝缘软蜱分布地区，疫点、疫区、受威胁区的养猪场户要采取杀灭钝缘软蜱等虫媒控制措施，畜牧兽医部门要加强监测和风险评估工作。当地畜牧兽医部门与林业和草原部门应定期相互通报有关信息。

（四）疫情排查监测

各地要按要求及时组织开展全面排查，对疫情发生前至少1个月以来疫点生猪调运、猪只病死情况、饲喂方式等进行核查并做好记录；对重点区域、关键环节和异常死亡的生猪加大监测力度，及时发现疫情隐患。要加大对生猪交易场所、屠宰场、无害化处理厂的巡查力度，有针对性地开展监测。要加大入境口岸、交通枢纽周边地区以及中欧班列沿线地区的监测力度。要高度关注生猪、野猪的异常死亡情况，排查中发现异常情况，必须按规定立即采样送检并采取相应处置措施。

（五）疫情追踪和追溯

对疫情发生前至少 30 天内以及疫情发生后采取隔离措施前，从疫点输出的易感动物、相关产品、运载工具及密切接触人员的去向进行追踪调查，对有流行病学关联的养殖、屠宰加工场所进行采样检测，分析评估疫情扩散风险。

对疫情发生前至少 30 天内，引入疫点的所有易感动物、相关产品、运输工具和人员往来情况等进行溯源性调查，对有流行病学关联的相关场所、运载工具进行采样检测，分析疫情来源。

疫情追踪追溯过程中发现异常情况的，应根据检测结果和风险分析情况采取相应处置措施。

（六）解除封锁和恢复生产

1. 疫点为养殖场、交易场所的

疫点和疫区应扑杀范围内的生猪全部死亡或扑杀完毕，并按规定进行消毒和无害化处理 42 天后（未采取"哨兵猪"监测措施的）未出现新发疫情的；或者按规定进行消毒和无害化处理 15 天后，引入哨兵猪继续饲养 15 天后，哨兵猪未发现临床症状且病原学检测为阴性，未出现新发疫情的，经疫情发生所在县的上一级畜牧兽医主管部门组织验收合格后，由所在地县级畜牧兽医主管部门向原发布封锁令的人民政府申请解除封锁，由该人民政府发布解除封锁令，并通报毗邻地区和有关部门。

2.疫点为生猪屠宰加工企业的

对畜牧兽医部门排查发现的疫情，应对屠宰场进行彻底清洗消毒，经当地畜牧兽医部门对其环境样品和生猪产品检测合格，经过 15 天后，由疫情发生所在县的上一级畜牧兽医主管部门组织开展动物疫病风险评估通过后，方可恢复生产。对疫情发生前生产的生猪产品，抽样检测和风险评估表明未污染非洲猪瘟病毒的，经就地高温处理后可加工利用。

对屠宰场主动排查报告的疫情，应进行彻底清洗消毒，经当地畜牧兽医部门对其环境样品和生猪产品检测合格，经过 48 小时后，由疫情发生所在县的上一级畜牧兽医主管部门组织开展动物疫病风险评估通过后，可恢复生产。对疫情发生前生产的生猪产品，抽样检测表明未污染非洲猪瘟病毒的，经就地高温处理后可加工利用。

疫区内的生猪屠宰企业，企业应进行彻底清洗消毒，经当地畜牧兽医部门对其环境样品和生猪产品检测合格，经过 48 小时后，由疫情发生所在县的上一级畜牧兽医主管部门组织开展动物疫病风险评估通过后，可恢复生产。

解除封锁后，在疫点和疫区应扑杀范围内，对需继续饲养生猪的养殖场（户），应引入哨兵猪并进行临床观察，饲养 45 天后（期间猪只不得调出），对哨兵猪进行血清学和病原学检测，均为阴性且观察期内无临床异常的，相关养殖场（户）方可补栏。

（七）扑杀补助

对强制扑杀的生猪及人工饲养的野猪，按照有关规定给予补偿，扑杀补助经费由中央财政和地方财政按比例承担。

四、信息发布和科普宣传

及时发布疫情信息和防控工作进展，同步向国际社会通报情况。坚决打击造谣、传谣行为。未经农业农村部授权，地方各级人民政府及各部门不得擅自发布发生疫情信息和排除疫情信息。

坚持正面宣传、科学宣传，及时解疑释惑、以正视听，第一时间发出权威解读和主流声音，做好防控宣传工作。科学宣传普及防控知识，针对广大消费者的疑虑和关切，及时答疑解惑，引导公众科学认知非洲猪瘟，理性消费生猪产品。

五、善后处理

（一）后期评估

应急响应结束后，疫情发生地人民政府畜牧兽医主管部门组织有关单位对应急处置情况进行系统总结评估，形成评估报告。

重大（Ⅱ级）以上疫情评估报告，应逐级上报至农业农村部。

（二）责任追究

在疫情处置过程中，发现生猪养殖、贩运、交易、屠宰等环节从业者存在主体责任落实不到位，以及相关部门工作人员存在玩忽职守、失职、渎职等违法行为的，依据有关法律法规严肃追究当事人的责任。

（三）抚恤补助

地方各级人民政府要组织有关部门对因参与应急处置工作致病、致残、死亡的人员，按照国家有关规定，给予相应的补助和抚恤。

六、附则

（一）本实施方案有关数量的表述中，"以上"含本数，"以下"不

含本数。

（二）供港澳生猪及其产品在执行本实施方案中的有关事宜，由农业农村部商海关总署另行规定。

（三）家养野猪发生疫情的，按家猪疫情处置；野猪发生疫情的，根据流行病学调查和风险评估结果，参照本实施方案采取相关处置措施，防止野猪疫情向家猪和家养野猪扩散。

（四）在饲料及其添加剂、猪相关产品检出阳性样品的，经评估有疫情传播风险的，对饲料及其添加剂、猪相关产品予以销毁。

（五）本实施方案由农业农村部负责解释。

附件：1. 非洲猪瘟诊断规范

2. 非洲猪瘟样品的采集、运输与保存要求

3. 非洲猪瘟消毒规范

4. 非洲猪瘟无害化处理要求

附件1　非洲猪瘟诊断规范

一、流行病学

（一）传染源

感染非洲猪瘟病毒的家猪、野猪（包括病猪、康复猪和隐性感染猪）和钝缘软蜱为主要传染源。

（二）传播途径

主要通过接触非洲猪瘟病毒感染猪或非洲猪瘟病毒污染物（餐厨剩余物、饲料、饮水、圈舍、垫草、衣物、用具、车辆等）传播，消化道和呼吸道是最主要的感染途径；也可经钝缘软蜱等媒介昆虫叮咬传播。

（三）易感动物

家猪和欧亚野猪高度易感，无明显的品种、日龄和性别差异。
疣猪和薮猪虽可感染，但不表现明显临床症状。

（四）潜伏期

因毒株、宿主和感染途径的不同，潜伏期有所差异，一般为 5 ~ 19 天，最长可达 21 天。世界动物卫生组织《陆生动物卫生法典》将潜伏期定为 15 天。

（五）发病率和病死率

不同毒株致病性有所差异，强毒力毒株可导致感染猪在 12 ~ 14 天内 100% 死亡，中等毒力毒株造成的病死率一般为 30% ~ 50%，低毒力毒株仅引起少量猪死亡。

（六）季节性

该病季节性不明显。

二、临床表现

（一）最急性

无明显临床症状突然死亡。

（二）急性

体温可高达 42 ℃，沉郁，厌食，耳、四肢、腹部皮肤有出血点，可视黏膜潮红、发绀。眼、鼻有黏液脓性分泌物；呕吐；便秘，粪便表面有血液和黏液覆盖；或腹泻，粪便带血。共济失调或步态僵直，呼吸困难，病程延长则出现其他神经症状。妊娠母猪流产。病死率可达 100%。病程 4 ～ 10 天。

（三）亚急性

症状与急性相同，但病情较轻，病死率较低。体温波动无规律，一般高于 40.5 ℃。仔猪病死率较高。病程 5 ～ 30 天。

（四）慢性

波状热，呼吸困难，湿咳。消瘦或发育迟缓，体弱，毛色暗淡。关节肿胀，皮肤溃疡。死亡率低。病程 2 ～ 15 个月。

三、病理变化

典型的病理变化包括浆膜表面充血、出血，肾脏、肺脏表面有出血点，心内膜和心外膜有大量出血点，胃、肠道黏膜弥漫性出血；胆囊、膀胱出血；肺脏肿大，切面流出泡沫性液体，气管内有血性泡沫样黏液；脾脏肿大，易碎，呈暗红色至黑色，表面有出血点，边缘钝圆，有时出现边缘梗死。颌下淋巴结、腹腔淋巴结肿大，严重出血。最急性型的个体可能不出现明显的病理变化。

四、鉴别诊断

非洲猪瘟临床症状与古典猪瘟、高致病性猪蓝耳病、猪丹毒等疫病相似，必须通过实验室检测进行鉴别诊断。

五、实验室检测

（一）样品的采集、运输和保存（见附件2）

（二）抗体检测

抗体检测可采用间接酶联免疫吸附试验、阻断酶联免疫吸附试验和间接荧光抗体试验等方法。

抗体检测应在符合相关生物安全要求的省级动物疫病预防控制机构实验室，以及受委托的相关实验室进行。

（三）病原学检测

1. 病原学快速检测

病原学快速检测可采用双抗体夹心酶联免疫吸附试验、聚合酶链式反应和实时荧光聚合酶链式反应等方法。

2. 病毒分离鉴定

病毒分离鉴定可采用细胞培养等方法。从事非洲猪瘟病毒分离鉴定工作，必须经农业农村部批准。

（四）结果判定

1. 临床可疑疫情

猪群符合下述流行病学、临床症状、剖检病变标准之一的，判定为临床可疑疫情。

（1）流行病学标准

①已经按照程序规范免疫猪瘟、高致病性猪蓝耳病等疫苗，但猪群发

病率、病死率依然超出正常范围；

②饲喂餐厨剩余物的猪群，出现高发病率、高病死率；

③调入猪群、更换饲料、外来人员和车辆进入猪场、畜主和饲养人员购买生猪产品等可能风险事件发生后，15天内出现高发病率、高死亡率；

④野外放养有可能接触垃圾的猪出现发病或死亡。

符合上述4条之一的，判定为符合流行病学标准。

（2）临床症状标准

①发病率、病死率超出正常范围或无前兆突然死亡；

②皮肤发红或发紫；

③出现高热或结膜炎症状；

④出现腹泻或呕吐症状；

⑤出现神经症状。

符合第①条，且符合其他条之一的，判定为符合临床症状标准。

（3）剖检病变标准

①脾脏异常肿大；

②脾脏有出血性梗死；

③下颌淋巴结出血；

④腹腔淋巴结出血。

符合上述任何一条的，判定为符合剖检病变标准。

2. 疑似疫情

对临床可疑疫情，经病原学快速检测方法检测，结果为阳性的，判定为疑似疫情。

3. 确诊疫情

对疑似疫情，按有关要求经中国动物卫生与流行病学中心或省级动物疫病预防控制机构实验室复核，结果为阳性的，判定为确诊疫情。

附件 2　非洲猪瘟样品的采集、运输与保存要求

可采集发病动物或同群动物的血清样品和病原学样品，病原学样品主要包括抗凝血、脾脏、扁桃体、淋巴结、肾脏和骨髓等。如环境中存在钝缘软蜱，也应一并采集。

样品的包装和运输应符合农业农村部《高致病性动物病原微生物菌（毒）种或者样本运输包装规范》等规定。规范填写采样登记表，采集的样品应在冷藏密封状态下运输到相关实验室。

一、血清样品

无菌采集 5 ml 血液样品，室温放置 12 ~ 24 小时，收集血清，冷藏运输。到达检测实验室后，冷冻保存。

二、病原学样品

（一）抗凝血样品

无菌采集 5 ml 乙二胺四乙酸抗凝血，冷藏运输。到达检测实验室后，–70 ℃冷冻保存。

（二）组织样品

首选脾脏，其次为扁桃体、淋巴结、肾脏、骨髓等，冷藏运输。

样品到达检测实验室后，–70℃保存。

（三）钝缘软蜱

将收集的钝缘软蜱放入有螺旋盖的样品瓶／管中，放入少量土壤，盖内衬以纱布，常温保存运输。到达检测实验室后，-70℃冷冻保存或置于液氮中；如仅对样品进行形态学观察，可以放入100%酒精中保存。

附件3　非洲猪瘟消毒规范

一、消毒产品种类

最有效的消毒产品是10%的苯及苯酚、次氯酸、强碱类及戊二醛。强碱类（氢氧化钠、氢氧化钾等）、氯化物和酚化合物适用于建筑物、木质结构、水泥表面、车辆和相关设施设备消毒。酒精和碘化物适用于人员消毒。

二、场地及设施设备消毒

（一）消毒前准备

1.消毒前必须清除有机物、污物、粪便、饲料、垫料等。

2.选择合适的消毒产品。

3.备有喷雾器、火焰喷射枪、消毒车辆、消毒防护用具（如口罩、手套、防护靴等）、消毒容器等。

（二）消毒方法

1.对金属设施设备，可采用火焰、熏蒸和冲洗等方式消毒。

2. 对圈舍、车辆、屠宰加工、贮藏等场所，可采用消毒液清洗、喷洒等方式消毒。

3. 对养殖场（户）的饲料、垫料，可采用堆积发酵或焚烧等方式处理，对粪便等污物作化学处理后采用深埋、堆积发酵或焚烧等方式处理。

4. 对疫区范围内办公、饲养人员的宿舍、公共食堂等场所，可采用喷洒方式消毒。

5. 对消毒产生的污水应进行无害化处理。

（三）人员及物品消毒

1. 饲养管理人员可采取淋浴消毒。

2. 对衣、帽、鞋等可能被污染的物品，可采取消毒液浸泡、高压灭菌等方式消毒。

（四）消毒频率

疫点每天消毒 3 ~ 5 次，连续 7 天，之后每天消毒一次，持续消毒 15 天；疫区临时消毒站做好出入车辆人员消毒工作，直至解除封锁。

附件 4　非洲猪瘟无害化处理要求

在非洲猪瘟疫情处置过程中，对病死猪、被扑杀猪及相关产品进行无害化处理，按照《病死及病害动物无害化处理规范》（农医发〔2017〕25号）有关规定执行。

非洲猪瘟紧急排查工作方案

1. 排查目的

及时发现非洲猪瘟可疑病例，初步评估疫情波及范围，为下一步防治处置工作提供依据。

2. 排查范围

全国所有养猪场（户）、生猪交易市场、生猪屠宰场、生猪无害化处理场。

3. 排查要求

各地安排基层兽医工作人员每天对养猪场（户）、生猪交易市场开展现场巡查；生猪屠宰场驻场官方兽医要严格做好待宰生猪的检视，对屠宰后的生猪重点观察其脾脏、淋巴结是否异常，如脾脏肿大、淋巴结出血等。在巡查中发现生猪不明原因死亡的、无害化处理场病死猪收集量异常增加的、屠宰环节发现脾脏肿大等情况的，要及时报告当地兽医部门，并配合做好样品采集和应急处置工作。

4. 样品采集

严格按照《非洲猪瘟防治技术规范》要求采集可疑生猪和病死猪的样品，做好标记并认真填写采样登记单，及时送动卫中心进行确诊。

（1）样品采集数量

①对病死猪，选择症状明显的进行剖检，观察其剖检变化，对发现脾

脏异常肿大的，采集 2 头猪的脾脏、淋巴结等组织样品，并拍照记录。

②对出现可疑症状的生猪及同群猪，每栋（舍）选择 2 头，采集抗凝血和血清样品。

（2）生物安全要求

采样工作人员开展工作前应接受相应的生物安全相关知识培训，进入场（户）前后，要按要求穿好工作服，做好个人防护，防止人为引发次生疫情。采样结束后，按照《非洲猪瘟防治技术规范》要求，做好尸体和场地的消毒和无害化处理工作；样品按要求进行包装和寄送，避免发生溢洒情况。

5. 监测流调

配合农业农村部指定实验室做好主动监测工作。一旦发现疑似病原学阳性样品，由省疫病预防控制中心送动卫中心检测，按照相关要求立即开展紧急监测。

非洲猪瘟疑似病例判定标准（试行）

1. 流行病学标准

已经按照程序规范免疫猪瘟、高致病性蓝耳病等疫苗，但猪群发病率、病死率依然较高的；

饲喂泔水的猪群，出现高发病率、高病死率的；

调入猪群 15 天内出现高发病率、高死亡率的；

符合上述三条之一的，视为符合流行病学标准。

2. 临床症状标准

①发病率、病死率较高的；

②皮肤发红或发紫的；

③出现高热或者结膜炎症状的；

④出现腹泻或呕吐症状的；

⑤出现运动失调症状的。

符合第①②两条，且符合③④⑤条之一的，视为符合临床症状标准。

3. 剖检变化标准

①脾脏异常重大（两倍甚至以上）、易碎；

②脾脏有出血性肿大的；

③下颌淋巴结出血；

④腹腔淋巴结出血。

符合第①条，或者其余 3 条的，视为符合剖检变化标准。

非洲猪瘟现场调查、采样生物安全防护技术

本规范适用于必须进入养猪场现场开展疫情排查、流行病学调查、追踪溯源、样品采集等工作时遵守。

一、事前准备

（一）人员

了解非洲猪瘟基本知识（基本生物学特征、流行病学特点、临床表现、病理变化等）、感染与传播高风险因素（饲喂泔水、生物安全水平低、动物贩运、猪肉及其产品流通等），家庭未饲养易感动物。

（二）车辆

事先彻底清洗消毒、清空无关物品、车内或后备箱铺垫塑料布防止污染。

（三）物品

生物安全防护用品（胶靴、鞋套、一次性防护服、口罩、手套、垃圾袋、套手机用自封袋、护目镜、面部消毒湿巾、消毒剂及喷壶、靴刷）、调查／采样所需物品。

二、进场要求

（一）车辆

抵达猪场，禁止驶进，停在入口附近。

（二）人员

在猪场指定地点（清洁区），脱下和摘掉不必要衣服和物品（如鞋子、手机、手表等），穿戴生物安全防护用品，经过大门口人员消毒通道消毒。如需进入生产区，按猪场要求淋浴、更衣。

（三）物品

必须进入生产区的物品应经消毒，手机置于密闭自封袋消毒。

三、出场要求

（一）人员

出场前在猪场指定地点（非清洁区）脱下一次性防护用品（口罩、鞋套、手套、防护服等）放入垃圾袋，用消毒湿巾清洗面部、手、眼镜等，吹打水清洗呼吸道、流动水清洗口腔咽喉。进入生产区的人员，按猪场要求淋浴、更衣后出生产区。所有人员经过人员消毒通道消毒出场，拿取未进场的个人随身物品。

（二）物品

所有物品出场前在猪场指定地点（非清洁区）清洗消毒。盛装样品的容器表面消毒，套双层清洁的密封袋并封口；胶鞋刷洗消毒后套双层清洁的塑料袋并胶带封口；普通鞋子脱掉鞋套后浸湿并反复刷洗特别是鞋底。

出场后，包装样品和物品的袋子放入车辆事先铺好的塑料布上。

（三）车辆

如发现调查/采样猪场为疑似感染场，车辆可能受到污染。应对车辆清理污垢、清洗消毒，特别是车辆表面和轮胎要严格消毒。

四、离后要求

（一）人员

当天工作结束后，彻底洗浴、严格清洗头发；所穿衣服浸泡消毒30分钟。如进入了疑似感染场，确诊前不再进入任何饲养生猪场所；如感染场确诊，3天内不前往任何饲养生猪场所。

（二）车辆

当天工作结束后，清除塑料布，对车辆内、外部进行清洗消毒。如去过疑似感染场，应当进行更加严格彻的清洗消毒。

非洲猪瘟焚烧深埋法无害化处理技术

一、选址要求

远离学校、公共场所、居民住宅区、村庄、动物饲养场和屠宰场、饮用水源地、河流等地区，离疫点较近，地势高燥，地下水位低。

二、焚烧深埋要求

根据需要深埋的猪及相关产品数量，按每头猪占 0.3 ~ 0.5 m^3 测算，确定掩埋坑体容积。坑底应高出地下水位 1.5 m 以上，防渗漏；坑底铺洒一层厚度 2 ~ 5 cm 的生石灰或漂白粉等消毒药。将尸体及相关动物产品投入坑内，泼洒柴油充分焚烧后，尸体上层距地表至少 1.5 m，覆盖距地表 20 ~ 30 cm、厚度不少于 1 ~ 1.2 m 的覆土。深埋后，立即用氯制剂、漂白粉或生石灰等消毒药对深埋场所进行一次彻底消毒。

三、注意事项

如运输尸体，使用密闭尸体袋、封闭运输车。掩埋覆土不要太实，以免腐败产气造成气泡冒出和液体渗漏。在掩埋处设置警示标识、搭建围栏、专人看管巡查。第一周内每日巡查一次、消毒一次，第二周起每周巡查一次、消毒一次，连续消毒三周以上，连续巡查 3 个月，掩埋坑塌陷处应及时加盖覆土。

关于申请对非洲猪瘟疫区实施封锁的紧急报告

（参考文本）

县（市、区）人民政府：

经××确诊、农业农村部认定，我县（市、区）××（地点、单位）发生非洲猪瘟疫情。根据《中华人民共和国动物防疫法》第三十一条、第三十二条和国务院《重大动物疫情应急条例》第二十七以及农业农村部《非洲猪瘟疫情应急实施方案（2019年版）》的有关规定，我局已划定××为疫点、××为疫区、××为受威胁区。报请立即启动应急预案，发布封锁令对疫区实施封锁。

××农业（农牧）局（公章）

年　月　日

××县/市/区政府关于对非洲猪瘟疫区实施封锁的命令
××县/市/区政府令[年号]第××号
（参考文本）

×年×月×日，经××确诊、农业农村部认定，我县（市、区）××（地点、单位）发生非洲猪瘟疫情。为迅速扑灭疫情，防止疫情扩散，根据《中华人民共和国动物防疫法》第三十一条、第三十二条和国务院《重大动物疫情应急条例》第二十七条以及农业农村部《非洲猪瘟疫情应急实施方案（2019年版）》要求，经县（市、区）政府研究决定发布本封锁令。

一、将××（地点、单位）划为疫点，将疫点外延3千米区域划为疫区，将疫区外延10千米划为受威胁区。自×月×日起，对疫区实施封锁，封锁期暂定6周。

二、封锁期间，疫区周围设立警示标志；出入疫区的交通路口设置临时检疫消毒站，对出入的车辆、人员及有关物品实施强制消毒；禁止疫点、疫区、受威胁区易感动物出入及其产品流出；关闭疫区内生猪交易市场、屠宰场和受威胁区的生猪交易市场。违者按有关规定处罚。

三、对疫点内所有易感动物实施强制扑杀，对疫区内的易感动物根据评估结果确定扑杀范围；对病死猪、被扑杀猪及其产品进行无害化处理；对排泄物、餐厨垃圾、被污染或可能被污染的饲料和垫料进行无害化处理；对被污染或可能被污染的物品、交通工具、用具、猪舍、场地、污水严格彻底消毒。

四、立即启动应急机制，应急指挥部成员单位各司其职、加强配合，按照"早、快、严、小"的原则，做好疫情扑灭、扑杀补偿、安全稳定和社会管理工作，严厉查处造谣惑众、扰乱社会治安和市场秩序的违法犯罪行为。

五、封锁解除时间另行通知。

××人民政府（公章）

县长×××

年　月　日

××县/市/区政府关于对非洲猪瘟疫区解除封锁的决定
××县/市/区政府令[年号]第××号
（参考文本）

　　×年×月×日，我县/市/区××等养殖场发生非洲猪瘟疫情，政府及时发布了疫区封锁令，并组织力量采取了一系列强制性措施，迅速拔除了疫点，清除了疫源，扑灭了疫情。

　　经××部门验收，符合解除封锁条件。根据《中华人民共和国动物防疫法》、国务院《重大动物疫情应急条例》和农业部有关规定，现决定从×年×月×日起，解除疫区封锁，终止应急机制，开放屠宰场、交易市场。

××人民政府（公章）

县长×××

年　月　日

四川省生猪非洲猪瘟全覆盖监测排查方案

一、目的意义

为提前排查出染疫病猪，按"早、快、严、小"提前消除疫情隐患，有效保障全省生猪健康发展和市场供给。

二、监测排查方式与范围

此次监测排查由各级非洲猪瘟防控应急指挥部组织，由乡镇政府具体实施，市、县农业畜牧部门结合本方案制定具体的排查实施细节。监测排查范围包括全省范围内所有散养户、规模场、养殖小区等生猪饲养区域。监测排查方式包括全覆盖现场排查和采样进行实验室检测。

三、全覆盖排查

1. 采取市包县、县包乡、乡包村、村包场（户），分片包干、责任到人方式，切实做到排查全覆盖，确保"不漏一村一场、不漏一户一头"。

2. 按照"先重后轻、先密后疏"原则依次推进，即先排查重点地区、大中型规模养殖场和养殖密度较大地区，然后再排查小型规模养殖场和边远养殖密度较低的养殖场（户）。

通过现场勘查和访谈、场点基础信息采集等方式，掌握养殖场（户）的存出栏、饲养管理、发病死亡等情况，排查后翔实填写《四川省生猪非洲猪瘟疫情排查信息表》（见附表1），交乡镇畜牧兽医站汇总后报县级动物疫病预防控制中心。

四、实验室检测

此次实验室检测任务由各市（州）动物疫病预防控制中心实验室承担，省动物疫病预防控制中心实验室负责各地检测工作技术指导，以及检测阳性结果复核。

（一）样品采集

此次监测排查对规模养猪场和养殖重点区域采集猪全血样本进行实验室检测。具体采样要求如下：

1. 规模场（养殖小区）：以场为单位，由驻场兽医负责采集，每个规模场采集5份全血样品，每份5 ml。

2. 养殖重点区域：以村为单位，由兽医专业人员指导养殖户主进行采集，每个村采集5份全血样品（尽量涵盖多个养殖户），每份5 ml。

3. 采集样品时应同时翔实填写《生猪养殖场（户）采样登记表》，样品应在低温保温盒中保存，由监测排查工作组及时送乡镇畜牧兽医站，统一交由县级动物疫病预防控制中心送检。

（二）检测及结果处理

各县级疫控中心汇总全县的《四川省非洲猪瘟疫情排查信息表》报市（州）动物疫病预防控制中心，并及时将样品送市（州）疫控中心实验室进行非洲猪瘟核酸检测，若出现疑似阳性，立即按生物安全规定派专人将疑似阳性样品（全部）送省动物疫病预防控制中心实验室复核，并随复核样品须提供《生猪养殖场（户）采样登记表》复印件、原始记录复印件、检测报告复印件。同时，将检测疑似阳性结果报市非洲猪瘟防控应急指挥部办公室，对样品来源地生猪立即采取临时紧急管控措施。经省中心实验室复核为阳性样品的送国家参考实验室确诊，同时报省非洲猪瘟防控应急指挥部办公室。

各市（州）实验室将每日监测结果报省疫控中心疫情信息管理科汇总，禁止对外公布本实验室检测的疑似阳性结果。

附表：1. 四川省非洲猪瘟疫情排查信息表

2. 非洲猪瘟排查生猪养殖场（户）采样登记表

附表1　四川省非洲猪瘟疫情排查信息表

填表日期：　年　月　日　填表人员：

养殖场（户）名：

地　址：　市（州）　县（市、区）　乡（镇）　村

场主姓名：　联系电话：

养殖单元（户／舍）数：　户／舍／栋

存栏量：种公猪头／　只，母猪头／　只，育肥猪头／　只，仔猪头／只，总存栏量头／　只

排查信息：如出现以下情况任意一项，应立即限制生猪移动并，通知兽医防疫人员到场。兽医防疫人员（至少2名）应详细了解生猪养殖及发病情况，如有异常情况，及时按照《农业农村部办公厅关于开展非洲猪瘟专项监测的通知》（农办医〔2018〕43号）文件要求进行样品采集和送样。

1. 猪群发病：□有　□无，如有发病数为头；

2. 高死亡率：□有　□无，如有死亡数为头；

3. 突然死亡或皮肤发红发紫的：□有　□无，如有数量为头：

4. 发烧或结膜炎症状：□有　□无，如有发病数为头；

5. 出现腹泻、血便或呕吐症状的：□有　□无，如有发病数为头。

附表 2　非洲猪瘟排查生猪养殖场（户）采样登记表

地址：市（州）县（市、区）乡（镇）村组

场（户）名					
联系人：				电话：	
采样情况	样品编号	栋舍（村组）	耳标号	存栏量	备注
	1				
	2				
	3				
	4				
	5				
	6				
	7				
	8				
	9				
	10				
被采样单位盖章或签名：			排查组负责人签名：		
采样时间：				年　月　日	

非洲猪瘟疫情应急处置指南（试行）

为切实做好非洲猪瘟防控工作，有效应对突发疫情，规范应急处置，根据农业农村部《非洲猪瘟防治技术规范（试行）》《非洲猪瘟疫情应急预案》《病死及病害动物无害化处理技术规范》等文件，制定本指南，供现场处置人员参考。

一、疑似疫情处置程序

发现临床可疑疫情，经省级动物疫病预防控制机构检测为疑似阳性后，要在 1 小时内将《动物疫情快报表》报送至中国动物疫病预防控制中心。当地兽医主管部门要在 1 小时内上报当地人民政府，由人民政府负责组织有关部门开展以下工作。

（一）限制移动

在接到报告 2 小时内，人民政府组织有关部门对发病场（户）的动物实施严格的隔离、监视，禁止易感动物及其产品、饲料及有关物品移动，限制人员、车辆的出入，直到确诊。

（二）消毒

有关部门负责在该场所的出入口或路口设置临时检查消毒站，对人员

101

和车辆进行消毒。

（三）流行病学调查

兽医部门负责收集有关场所和动物的相关信息，至少包含场所地址及地理信息；疑似染疫动物种类和数量、存栏量、发病和死亡情况、临床症状和病理变化的简要描述；发病猪同群情况；猪场布局及周边环境是否饲喂泔水；免疫情况；近一个月调入和调出情况等。

（四）初步划定范围

兽医和有关部门初步划定疫点、疫区、受威胁区范围，统计疫区和受威胁区内养殖场户数量、易感动物数量，村庄、屠宰场和交易市场的名称和地址。

（五）必要时采取封锁、扑杀等措施（扑杀及无害化处理参照确诊疫情后的处置方法）

二、确诊疫情处置程序

确诊疫情后，按照成立应急处置现场指挥机构—划定疫点、疫区和受威胁区—封锁—扑杀—转运—无害化处理—监测—评估—解除封锁—恢复生产的流程进行应急处置（整个处置过程中都要做好消毒防护工作）。应先对疫点的生猪进行扑杀和无害化处理。

（一）成立应急处置现场指挥机构

县级以上人民政府主要负责人担任总指挥，县级以上人民政府主管负责人及兽医主管部门主要负责人担任副总指挥，其他相关部门派专人在总指挥的统一安排下，落实责任，组织开展现场应急处置工作。

应急指挥机构可设立材料信息组、封锁组、扑杀组、消毒组、无害化处理组、流行病学调查组、排查采样组、应急物资组、后勤保障组等工作小组，必要时当地政府可成立督察组，并制定明确的现场工作方案。每组设一名组长，实行组长负责制。

1. 材料信息组

材料信息组负责综合材料的起草报送、数字统计报送、舆情引导和应对、信息发布、会议组织等。

2. 封锁组

封锁组负责疫点、疫区主要路口的封锁、消毒，负责出入人员、车辆的检查和消毒。在受威胁区设立消毒检查站的，由封锁组负责出入人员、车辆的检查和消毒。

3. 扑杀组

扑杀组负责与畜主沟通；动物的扑杀、销毁；死猪搬运、装载、入坑；有关饲料、垫料和其他物品以及其他废弃物销毁并搬运、装载、入坑。

4. 消毒组

消毒组负责疫点、疫区被污染或可能被污染的物品、交通工具、用具、猪舍、场地进行严格彻底消毒及无害化处理。指导受威胁区养殖场户、屠宰场、生猪交易市场等重点场所消毒。

5. 无害化处理组

无害化处理组负责掩埋点选址、掩埋坑挖掘；所有病死猪、被扑杀猪及其产品进行无害化处理；负责无害化处理场封锁、消毒、巡查。

6. 流行病学调查组

流行病学调查组负责流行病学调查。

7. 排查采样组

排查采样组制定排查和采样方案，负责疫区、受威胁区动物疫病排查和采样。

8. 应急物资组

应急物资组负责应急处置物资的采购、调拨、发放、回收、管控,应急处置所需挖掘机、消毒车等大型设备的协调等。

9. 后勤保障组

后勤保障组负责车辆调配、人员用餐等。

根据应急处置需要或者现场应急处置总指挥申请,上级部门委派有关人员协助和指导应急指挥机构落实各项应急处置工作。

(二)划定疫点、疫区和受威胁区

1. 疫点

(1)相对独立的规模化养殖场(户),以病猪所在的场(户)为疫点;

(2)散养猪以病猪所在的自然村为疫点;放养猪以病猪活动场地为疫点;

(3)在运输过程中发生疫情的,以运载病猪的车、船、飞机等运载工具为疫点;

(4)在牲畜交易市场发生疫情的,以病猪所在市场为疫点;

(5)在屠宰加工过程中发生疫情的,以屠宰加工厂(场)为疫点。

2. 疫区

由疫点边缘向外延伸 3 千米的区域。

3. 受威胁区

由疫区边缘向外延伸 10 千米的区域。对有野猪活动地区,受威胁区应为疫区边缘向外延伸 50 千米的区域。

疫点、疫区、受威胁区由县级或以上地方人民政府兽医主管部门划定。划定时,应当根据当地天然屏障(如河流、山脉等)、人工屏障(道路、围栏等)、行政区划、野猪分布情况,以及疫情追溯追踪调查和风险分析结果,综合评估后划定。

在生猪运输、屠宰加工过程中发生疫情，当地根据风险评估结果，确定是否划定疫区和受威胁区。

（三）封锁

1. 组织领导

由县级以上地方人民政府发布封锁令，并实施封锁。封锁生效后，在当地人民政府统一领导下，兽医等有关部门负责确定交通运输路、设立临时检查消毒站、指导扑杀工作、选择掩埋地点等；

有关部门负责维护治安医疗救治、消毒通道搭建，协助消毒工作，舆论引导和宣传，市场肉品检查等。

各地根据制定的重大动物疫情应急预案适当调整职责分工。

2. 发布封锁令

（1）县级以上人民政府兽医主管部门报请本级人民政府发布封锁令，对疫区实行封锁。

（2）疫区范围涉及两个以上行政区域的，由有关行政区域共同的上一级人民政府发布封锁令，或者由各有关行政区域的上一级人民政府共同发布封锁令，对疫区实行封锁。

（3）必要时，上级人民政府可以责成下级人民政府对疫区实行封锁。

（4）以运载工具为疫点的可不发布封锁令。

（5）特殊情况：疫区范围涉及到两个以上行政区域，且跨省界，由有关行政区域的本级人民政府共同发布封锁令，对疫区实行封锁，后续处置工作由疫区所在各行政区域本级人民政府各自负责。

3. 封锁措施

（1）封锁令

疫情确诊后 2 小时内，当地人民政府应依法及时准确发布封锁令。封锁令内容包括封锁范围、封锁时间、封锁期间采取的措施、相关部门职责等。在疫点、疫区周围设立警示标志,可采用蓝底白字。在疫点、疫区及临时检查消毒站等醒目位置张贴封锁令。

（2）疫点

在疫点出入口设置临时检查消毒站,执行封锁检查任务,对人员和车辆进行检查和消毒。

（3）疫区

在所有进出疫区的路口,设置临时检查消毒站,执行封锁检查任务,禁止生猪出入及生猪产品调出。对人员和车辆进行检查和消毒。关闭疫区内的生猪交易市场和屠宰场。

（4）受威胁区

在进出受威胁区的路口,设置临时检查消毒站,执行封锁检查任务,禁止生猪出入及生猪产品调出,对途径受威胁区的生猪及产品车辆劝返。对人员和车辆进行检查和消毒。关闭受威胁区内的生猪交易市场和屠宰场。

（四）扑杀

1. 制定扑杀工作实施方案

综合考虑养殖场（户）地理位置、布局,天气等因素,制定操作方案,包括时间、地点、参加人员及分工、工作内容等。

2. 扑杀范围

（1）疫点:疫点内所有猪只。

（2）疫区:根据风险评估结果确定扑杀范围,高风险猪群一律扑杀。

3. 扑杀方法

采用电击法或其他适当方法进行扑杀,避免血液污染环境。

4. 扑杀步骤

（1）扑杀前准备工作

①扑杀人员培训。生物安全操作要求、扑杀工具（扑杀器）使用方

法等。

②统计需要扑杀的生猪数量。

③扑杀所需物资准备。 根据实际需要,配备消毒物资、扑杀工具、包装用品、转运工具、清洗工具等。

④挖掩埋坑。

⑤必要时搭建临时消毒通道。

⑥规划扑杀、生猪及死猪运输通道。

（2）扑杀

①扑杀人员穿戴防护服、口罩、胶鞋及手套等防护用品进入场地。

②电击或其他适当方法。

③工作完毕后,应对一次性防护用品作销毁处理,对循环使用的防护用品消毒处理。

5. 记录

详细记录扑杀数量等情况,并由相关人员签字。

（五）转运

1. 选择车辆

（1）可选择符合 GB19217 条件的车辆或专用封闭厢式运载车辆。 车厢四壁及底部应使用耐腐蚀材料,并采取防渗措施。

（2）专用转运车辆应加施明显标识,并加装车载定位系统,记录转运时间和路径等信息。

2. 规划转运路线

要尽量避开主要交通干道,避开人员密集区域,避开养殖场较多的路线。 不得中途转运或做不必要的停歇。

3. 转运

（1）将扑杀猪及病死猪尽快装车,按照既定路线转运到无害化处理场所处置。

（2）若转运途中发生渗漏，应重新包装、消毒后运输。

4. 车辆消毒

（1）车辆驶离暂存、养殖等场所前，应对车轮及车厢外部进行消毒。

（2）每次卸载后，应对转运车辆及相关工具等进行彻底清洗、消毒。

（六）无害化处理

1. 病死猪、疑似染疫猪、扑杀的猪及其产品

根据疫点、疫区实际情况，可将疫点、疫区内病死猪、疑似染疫猪、扑杀的猪及其产品运输至专业无害化处理厂销毁或采取深埋进行处理。

采取深埋法进行处理的应当遵循下列要求：

（1）掩埋地点选择

①应选择地势较高，处于下风向的地点。

②应远离学校、居民住宅区、村庄等公共场所，远离动物饲养场、屠宰场、交易市场、饮用水源地、河流等地区。

（2）技术要求

①掩埋坑体容积以实际处理动物尸体及相关动物产品数量确定。

②掩埋坑底应高出地下水位 1.5 米以上，要防渗、防漏。

③坑底洒一层厚度为 2～5 厘米的生石灰。

④投入动物尸体及相关动物产品，有条件的地区可适当焚烧。

⑤坑内动物尸体及相关动物产品上铺撒生石灰或漂白粉等消毒药消毒。

⑥动物尸体及相关动物产品最上层距离地表 1.5 米 以上，覆盖厚度不少于 1 米的覆土，距地表 20～30 厘米。掩埋覆土不要压实，以免腐败产气造成气泡冒出和液体渗漏。

⑦在掩埋地点设置警示标识，拉警戒线。

⑧掩埋后，当地政府安排专人值守至解除封锁；同时，建立巡查制度，

第一周内应每日巡查一次,第二周起应每周巡查一次,连续巡查 3 个月;掩埋坑塌陷处应及时加盖覆土,保持掩埋点始终距地表 20 ～ 30 cm。

⑨掩埋后,立即用氯制剂（如漂白粉） 或生石灰等消毒药对掩埋场所及转运道路进行一次彻底消毒。 第一周内应每日消毒一次,第二周起应每周消毒一次,连续消毒 3 周以上。

2. 其他相关物品

（1）污水用氯制剂（次氯酸钠、三氯乙腈尿酸、二氧化氯、二氯乙腈尿酸）进行消毒处理。

（2）动物排泄物、被污染饲料、垫料可采用堆积发酵、焚烧或运送至无害化处理场进行掩埋处理。堆积发酵可采用将动物排泄物、被污染饲料、垫料和秸秆等混合,堆高不少于 1 m,覆盖塑料薄膜利用高温堆肥发酵。

3. 记录

详细记录无害化处理地点、数量等情况,并由相关人员签字。

（七）消毒

1. 消毒前准备

（1）整理场地内的有机物、污物、粪便、饲料、垫料、垃圾等,并集中存放;所有物品消毒前不得移出场区。

（2）选择合适的消毒药品;

（3）备有喷雾器、火焰喷射枪、消毒车辆、消毒防护用品（如口罩、手套、防护靴等）、消毒容器等。

2. 消毒剂的选择

碱类（氢氧化钠、氢氧化钾等）、氯化物和酚化合物适用于建筑物、木质结构、水泥表面、车辆和相关设施设备消毒,酒精和碘化物适用于人员消毒。

可选用 0.8% 的氢氧化钠、0.3% 福尔马林、3% 邻苯基苯酚 ,10% 的苯及苯酚、次氯酸盐、戊二醛等。

3. 人员及物品消毒

饲养管理人员及进出人员应先清洁，后消毒，可采取淋浴消毒。

对衣、帽、鞋等可能被污染的物品，可采取消毒液浸泡、高压灭菌等方式消毒。人员出场时，则应将衣、帽、鞋等一次性防护物品焚烧销毁。

4. 灭蜱消毒

场内外和舍内外环境、缝隙、巢窝和洞穴等用 40% 辛硫磷浇泼溶液、氰戊菊酯溶液等喷洒除蜱。

疫点、疫区养殖场（户）消毒作业指导书见附件。

（八）监测（检测）

1. 对疫情发生前 30 天内以及疫情发生后采取隔离措施前，从疫点输出的易感动物、相关产品、运载工具及密切接触人员的去向进行追溯调查，对有流行病学关联的养殖、屠宰加工场所进行采样检测 , 分析评估疫情扩散风险。

2. 对掩埋点周边环境进行监测。

3. 对受威胁区内生猪、野猪进行监测。

4. 对疫点、疫区的环境样品进行监测。

5. 对疫区、受威胁区内的生猪屠宰企业 , 进行环境样品和 / 或猪肉产品检测。

6. 对受威胁区的生猪养殖场（户）、生猪交易市场和屠宰场开展全面排查。

7. 对疫区、受威胁区及周边地区野猪分布状况进行调查和监测。

8. 对疫情发生所在县的经营性冷库中的环境样品、猪肉及产品进行检测。

（九）评估

1. 发生疫情的省级兽医主管部门对疫情进一步扩散蔓延的风险进行评估，并向相关县、市、省发出风险提示。

2. 发生疫情的县级以上兽医主管部门对疫情处置情况评估，提出进一步完善的措施。

3. 发生疫情县的上级兽医主管部门对疫区、受威胁区内暂停屠宰活动的生猪屠宰企业开展动物疫病风险评估。

（十）解除封锁

1. 申请

县级以上兽医主管部门根据评估结果向发布封锁令的人民政府提出解除封锁申请。

2. 解除封锁条件

疫点和疫区应扑杀猪全部死亡或扑杀完毕，并按规定进行消毒和无害化处理 42 天后，经疫情发生地上一级兽医主管部门组织验收合格。

3. 发布解除封锁令

由发布封锁令的人民政府，发布解除封锁令，并通报毗邻地区和有关部门。

（十一）恢复生产

解除封锁后，对疫点、疫区进行持续监测，没有新的疫情发生；养殖场空栏 6 个月以上，评估后方可重新恢复生产。屠宰场恢复生产按照农业农村部相关规定处理。

三、附则

若政策出现调整，以国务院及农业农村部新发文件为准。

（一）可疑疫情信息采集信息表

猪场名称			场主姓名	
地址				
地理位置	村庄、公路、河流：			
养殖模式	种猪场、自繁自养场、育肥场			
存栏量	总数：　　　种猪：　　　育肥猪：　　　仔猪：			
生物安全	措施：无措施、一般、良好			
饲养人员数量		备注信息		
发病时间、数量与症状描述：				
死亡时间、数量与症状描述：				
近一个月引进猪只情况：　　　　　　头数；来源地：				
近一个月调出猪只情况：　　　　　　头数；目的地： 　　　　　　头数；目的地： 　　　　　　头数；目的地：				
泔水饲喂情况（时间、来源）： 近一个月饲料与其他物资调入情况：				
采样与送检情况：				
备注：				

（二）临时检查消毒站作业指导书

1.职责

负责疫点疫区的封锁、受威胁区等主要路口的检查消毒，对过往车辆进行检查、消毒、登记。

2.人员

每个班次配备2名以上（含2名）交警、2名以上（含2名）检查过往车辆是否运输生猪或生猪产品人员，2名以上（含2名）具体更换消毒垫和对车辆消毒及消毒记录登记人员。人员数量应保证24小时执勤。

3.设施设备

（1）执勤车辆1台：供值班人员交通或供值班交警、对车辆检查消毒人员执勤用。

（2）消毒用品：机动高压消毒机、背负式消毒喷雾器、消毒药、配置消毒液用桶、草垫或麻袋。

（3）人员防护用品：一次性防护服，护目镜，口罩，乳胶手套，胶靴，防水鞋套。

（4）办公生活用品：帐篷或板房、桌椅、棉大衣、临时检查消毒站车辆进出表、交接班记录表等。

（5）其他："临时检查消毒站"提示牌和指示牌、"停"指示牌、封锁令、路障等。

4.设置消毒站

（1）疫点临时检查消毒站：可参考（2），利用疫点出入口设施灵活布置。疫点内侧视为污染区，疫点外侧视为洁清洁区。

（2）疫区临时检查消毒站

①在所有出入疫区的交通路口设置临时检查消毒站。

②搭建帐篷或板房。

③在消毒站点处向疫区内延伸200米，前方200米设置"临时检查消

毒站"字样的提示牌。

④在消毒站点处放置"临时检查消毒站"字样的指示牌，牌正面面向疫区外侧。在醒目位置张贴封锁令。

⑤放置路障或足够数量的限制车辆缓行的路锥或在消毒站处向疫区内延伸 30 ~ 50 米路段设置 3 ~ 5 个缓冲带（每 10 米一个）。

⑥配制消毒垫及车辆消毒药，可用 0.8% 氢氧化钠、0.3% 福尔马林、3% 邻苯基苯酚等；配制人员消毒药，可用 75% 酒精或 3% 枸橼酸碘。填写消毒药配制记录。

⑦按路面宽度铺设不少于 8 米长的双层草垫或麻袋，喷洒消毒药并保持浸湿状态。

⑧在疫点方向的 200 米道路洒布生石灰或 0.8% 氢氧化钠溶液消毒，生石灰应洒布均匀且厚度为 2 ~ 5 厘米。

5. 工作程序

（1）疫点临时检查消毒站

①工作人员应穿一次性防护服、胶靴，戴口罩、乳胶手套，负责消毒的工作人员还应佩戴护目镜。

②对出入疫点的居民，工作人员应检查其携带的物品，不得将生猪带入，不得将生猪及其产品（生猪肉、生皮、原毛、脏器、脂、血液、骨、蹄、头、筋、精液、胚胎等）带出；对其手部喷洒 75% 酒精或 3% 枸橼酸碘进行消毒，对鞋底通过踩消毒垫进行消毒。

③出入疫点的工作人员，进入时应在清洁区穿一次性防护服、防水鞋套，戴口罩、乳胶手套，通过消毒垫步入疫点；出来时应在污染区边缘脱掉一次性防护服、防水鞋套、乳胶手套、口罩（收集后通过焚烧进行无害化处理），通过消毒垫步入清洁区。

④对出入疫点的车辆进行消毒，应由上至下，顺风向进行喷雾消毒，以覆盖全车且车轮无附着物为标准。尤其要严格检查从疫点出来的车辆，

严防从疫点流出生猪产品。检查消毒后在"临时检查消毒站车辆进出表"上记录。

（2）疫区临时检查消毒站

①负责消毒的工作人员应穿一次性防护服、胶靴、戴乳胶手套、口罩、护目镜。

②出示"停"指示牌，使出入人员和车辆停下来接受检查和消毒。

③对出入疫区的人员，工作人员应检查其携带的物品，不得将生猪带入，不得将生猪及其产品（生猪肉、生皮、原毛、脏器、脂、血液、精液、胚胎、骨、蹄、头、筋等）带出。对其手部喷洒75%酒精或3%枸橼酸碘进行消毒，对鞋底通过踩消毒垫进行消毒。

④对出入疫区的车辆进行消毒，应由上至下，顺风向进行喷雾消毒，以覆盖全车且车轮无附着物为标准。尤其要严格检查从疫区出来的车辆，严防从疫区流出生猪产品。检查消毒后在"临时检查消毒站车辆进出表"上记录。

（3）消毒工作人员负责保持消毒垫浸润状态（脚踩出水），及时更换破碎的消毒垫。

（4）当班人员下班时，要在交接班记录表上签名。

（5）工作人员要持续做好出入车辆的检查和消毒工作，直至解除封锁。

6.说明

受威胁区及相邻区域主要交通路口设置临时检查消毒站，建设标准及工作程序可参照"疫区临时检查消毒站"。

（三）消毒药配制记录表

消毒药名称	消毒药用量	添加水量	消毒药终浓度	配制人	配制时间

（四）×××临时检查消毒站车辆进出表

车辆号牌	进或出	消毒药名称及浓度	检查情况	
			检查时间	结果
				□未携带生猪及其产品 □携带生猪产品　　□携带生猪
				□未携带生猪及其产品 □携带生猪产品　　□携带生猪
				□未携带生猪及其产品 □携带生猪产品　　□携带生猪
				□未携带生猪及其产品 □携带生猪产品　　□携带生猪
				□未携带生猪及其产品 □携带生猪产品　　□携带生猪
				□未携带生猪及其产品 □携带生猪产品　　□携带生猪
				□未携带生猪及其产品 □携带生猪产品　　□携带生猪
				□未携带生猪及其产品 □携带生猪产品　　□携带生猪
				□未携带生猪及其产品 □携带生猪产品　　□携带生猪

消毒人：　　　　　　　　　　检查人：

（五）交接班记录表

当班时间	交班人签名	接班人签名

（六）疫点疫区生猪养殖场户消毒作业指导书

1 消毒前的准备

（1）消毒人员：应根据养殖场（户）规模合理确定消毒人员。

（2）消毒器械和工具：高压冲洗机、扫帚、叉子、铲子、铁锹、水管、防护用品（如防护服、口罩、手套、护目镜、防护靴等）。

（3）消毒剂：1% ~ 2% 氢氧化钠（火碱）、2% 戊二醛溶液、氯制剂、生石灰。

2. 圈舍消毒程序

（1）清理

扑杀生猪时，应同时对猪舍内污物、粪便、饲料、垫料、垃圾等进行初步清理，集中收集于包装袋内，并随扑杀生猪一起深埋处理。

（2）首次消毒

①使用高压冲洗机将 1% ~ 2% 火碱溶液或其他消毒液喷洒至猪舍内外环境中。

②喷洒消毒液时，应按照从上到下、从里到外的原则，即先屋顶、屋梁钢架，再墙壁，最后地面，力求仔细，干净，不留死角。

（3）再次清理

①喷洒消毒液至少 1 小时后，应使用扫帚、叉子、铲子、铁锹等工具对猪舍内残留粪便、垫料、灰尘等进行再次彻底清扫。

②将清扫的粪便、垃圾等污染物集中收集于包装袋内，并进行深埋等无害化处理，也可堆积发酵。

（4）二次消毒

同 2.2 首次消毒方法。

（5）彻底清洗

①喷洒消毒液至少 1 小时后，使用高压冲洗机对猪舍内残留的粪便、垫料、灰尘等进行彻底清洗。

②冲洗屋顶等高处时要踩着架子，每根角铁、每根钢丝绳、每根吊绳都要仔细冲洗两侧，要从一个方向直接冲洗到另一个方向；风机要从里向外冲洗，连同风筒、防护网、头端外墙、大门一起冲洗干净；冲洗篷布里面时要放开吊绳将篷布展开，从屋顶开始，从上到下冲洗，最后吊起篷布冲洗篷布外面和散水；冲洗进风口时不要向里冲。冲洗每段水线内部时要从一侧开始冲洗，干净之后再从另一侧冲洗，即两侧均要高压冲洗；冲洗水线、料线外侧时两侧均要冲洗。

③彻底冲洗干净后，应由相关人员认真检查冲洗质量。要求冲洗完后，所有设备、墙角、进风口、地面等处无粪便、无灰尘、无蜘蛛网、无污染物。

④如检查不合格，应按照上述步骤再次进行消毒后，重新进行清洗，直至彻底清洗干净。

（6）终末消毒

①检查合格后，可进行彻底的终末消毒。终末消毒时，对墙面、顶棚和地面喷洒消毒液，以表面全部浸湿为标准。

②可用火焰喷射器对猪舍的墙裙、地面、金属笼具等耐高温的物品进行火焰消毒。

（7）消毒记录

每次消毒时，应逐日、逐次进行消毒记录，记录内容应包括消毒地点、消毒时间、消毒人员、消毒药名称、消毒药浓度、消毒方式等内容。

3. 场区内环境消毒

（1）对养殖场户生活区（办公场所、宿舍、食堂等）的屋顶、墙面、地面用1% 戊二醛或氯制剂喷洒消毒。

（2）场区或院落地面洒布生石灰或戊二醛、火碱溶液消毒

（3）进出门口铺设与门同宽、8 米的消毒草垫，洒布戊二醛或火碱溶液，并保持浸湿状态。

（4）污水集中收集，按比例投放氯制剂（漂白粉、二氧化氯）消毒。

（5）使用的消毒药要交替使用，每两天交替更换一次。

（6）每日消毒 3～5 次，连续 7 天，之后每天消毒 1 次，持续消毒 15 天。

（7）逐日、逐次进行消毒登记，登记内容应包括消毒地点、消毒时间、消毒人员、消毒药名称、消毒药浓度、消毒方式等内容。

（七）无害化处理场点消毒作业指导书

1. 消毒时的准备

（1）消毒人员：应根据无害化处理场点规模合理确定消毒人员。

（2）消毒器械和工具：高压冲洗机、机械或电动喷雾器、扫帚、叉子、铲子、铁锹、水管、防护用品（如防护服、口罩、手套、护目镜、防护靴等）。

（3）消毒剂：1%～2% 氢氧化钠（火碱）、1%～2% 戊二醛溶液、氧制剂、生石灰。

2. 消毒程序

（1）无害化处理厂

①入场消毒：外来车辆和人员必须消毒，如有设置消毒池，消毒池内采用 5% 次氯酸钠、1% 戊二醛等进行消毒，若无消毒池，铺洒 2～5 厘米厚生石灰或用洒布 1% 戊二醛或火碱溶液的消毒草垫（8 米）消毒.

②车辆消毒：主要对运猪车和运肉车进行消毒。车辆打扫干净后，用 1% 戊二醛或 5% 次氯酸钠等溶液喷洒消毒。

③处理车间、生活区及废弃物等的消毒按该无害化处理厂的规程操作。

（2）掩埋点

①入场消毒：在进出无害化处理场路口：铺洒 2～5 厘米厚生石灰或用洒布 1% 戊二醛或火碱溶液的消毒草垫（8 米）消毒。

②车辆消毒：主要对运猪车和运肉车进行消毒。车辆打扫干净后，用1%戊二醛或5%次氯酸钠等溶液喷洒消毒。

③在无害化处理坑表面以及周围喷洒氯制剂或戊二醛或覆盖2～5厘米生石灰进行消毒，消毒顺序应当由内向外。

④掩埋后，无害化处理场第一周每日消毒1次，连续7天，之后每周消毒1次，连续消毒3周以上。

⑤逐日、逐次进行消毒登记，登记内容应包括消毒地点、消毒时间、消毒人员、消毒药名称、消毒药浓度、消毒方式等信息。

（八）猪屠宰场消毒作业指导书

1. 消毒前的准备

（1）消毒人员：应根据屠宰场规模合理确定消毒人员。

（2）消毒器械和工具：高压冲洗机、机械或电动喷雾器、扫帚、叉子、铲子、铁锹、水管、防护用品（如防护服、口罩、手套、护目镜、防护靴等）。

（3）消毒剂：1%～2%氢氧化钠（火碱）、2%戊二醛溶液、氯制剂、生石灰。

2. 消毒程序

（1）入场消毒：外来车辆和人员必须消毒，如有设置消毒池，消毒池内采用5%次氯酸钠、1%戊二醛等进行消毒。若无消毒池，铺洒2～5厘米厚生石灰或用洒布1%戊二醛或火碱溶液的消毒草垫（8米）消毒。

（2）场区和办公场所消毒：对地面、墙面、门窗清扫后，用1%戊二醛、5%次氯酸钠、1%火碱等溶液喷洒消毒。

（3）生产车间消毒：彻底打扫和清理后，对生产车间的地面、墙壁、台桌、设备、用具、工作服、手套、围裙、胶靴等进行，彻底消毒。地面、墙面、台桌、设备、围裙、胶靴等可采用1%戊二醛或火碱喷洒消毒，消毒

1～4 小时后，用水冲洗干净。手套、工作服等可煮沸消毒，煮沸 30 分钟即可.

（4）车辆消毒：主要对运猪车和运肉车进行消毒。车辆打扫干净后，用 1% 戊二醛或 5% 次氯酸钠等溶液喷洒消毒。

（5）隔离圈、待宰圈消毒：彻底打扫清除隔离圈内的饲料、粪便、污物后。地面、墙面、门窗、料槽喷洒 1% 火碱、戊二醛等溶液或洒布生石灰消毒。关闭门窗消毒 2～3 小时后，用水冲洗干净。

（6）废弃物处理消毒：动物粪便、饲料、垫料等固体废弃物集中收集，堆积发酵或焚烧，深埋处理。污水等废弃物集中收集、洒布生石灰或按比例投放戊二醛或火碱进行消毒。

（7）屠宰场应至少每周进行一次彻底的清洗消毒，被污染的屠宰场每日消毒 3～5 次，连续 7 天，之后每天消毒 1 次，持续消毒 15 天。其他屠宰场每日消毒至少 1 次，连续 7 天，之后每周进行一次彻底的清洗消毒，持续 3 周。

（8）逐日、逐次进行消毒登记，登记内容应包括消毒地点、消毒时间、消毒人员、消毒药名称、消毒药浓度、消毒方式等内容。

（九）生猪交易市场消毒作业指导书

1. 消毒前的准备

（1）消毒人员：应根据交易市场规模合理确定消毒人员。

（2）消毒器械和工具：高压冲洗机、机械或电动喷雾器。扫帚，叉子、铲子、铁锹、水管、防护用品（如防护服，口罩，手套，护目镜、防护靴等）。

（3）消毒剂：1%～2% 氢氧化钠（火碱）、2% 戊二醛溶液，氯制剂、生石灰。

2. 消毒程序

（1）入场消毒：进出市场门口铺设与门同宽、8 米的消毒草垫，洒布戊二醛或火碱溶液，并保持浸湿状态。

（2）废弃物消毒：对市场进行彻底打扫清洗，动物粪便、饲料等固体废弃物集中收集，焚烧或深埋处理。清洗产生的污水等废弃物集中收集，洒布生石灰或按比例投放戊二醛或火碱进行消毒。

（3）地面消毒：用戊二醛对交易市场地面、摊床等进行消毒，每日消毒 1 次，连续消毒 15 日；被污染交易市场每日消毒 3 ~ 5 次，连续 7 天，之后每天消毒 1 次，持续消毒 15 天。

（4）逐日、逐次进行消毒登记，登记内容应包括消毒地点、消毒时间、消毒人员、消毒药名称、消毒药浓度、消毒方式等内容。

（十）非洲猪瘟疫区解除封锁评估验收标准

1. 疫区封锁令解除期限

疫点和疫区内最后一头猪扑杀完毕并无害化处理，按规定程序进行封锁消毒 6 周后，经过环境抽样监测，未发现传染源。

2. 疫区封锁令解除程序

（1）提出申请。发布封锁令所在地畜牧兽医行政主管部门向所在地上一级畜牧兽医行政主管部门提出解除封锁评估验收申请。

（2）组织验收。畜牧兽医行政主管部门接到申请后应组织专家，对疫点、疫区和受威胁区处置情况进行检查验收，结合流行病学调查情况和监测结果，撰写评估报告。

（3）解除封锁。评估合格后，由所在地畜牧兽医主管部门向发布封锁令的人民政府申请解除封锁，由该地人民政府发布解除封锁令，并通报毗邻地区和有关部门：报所在上一级人民政府备案。

3. 验收方式和验收内容

验收主要通过查阅文件和影像资料进行，重点检查扑杀、消毒、无害化处理、流行病学调查、调运监管等方面情况；看现场全面检查疫情现场规范处置和各项措施执行情况。并结合采样监测结果综合评价分析。具体内容如下（现场验收方式详见附件）

（1）封锁令发布执行情况。疫情发生后，严格按要求划分了疫点、疫区和受威胁区，地方人民政府及时准确发布了封锁令；疫点、疫区、受威胁区各项处置记录完整、规范、档案齐全。

（2）扑杀开展情况。疫情发生地人民政府依法组织对疫点、疫区所有生猪全部进行扑杀，被扑杀猪及生猪产品、排泄物，可能被污染的饲料、垫料、污水等全部进行了无害化处理。

（3）消毒开展情况。对疫点、疫区被污染或可能被污染的物品、交通工具、用具、猪舍、场地进行了严格彻底消毒。所有出入疫区的道口，设立了检查站，悬挂了"临时检查消毒站"标牌；公安、交通、农业部门联合 24 小时执勤，对过往人员、车辆进行了严格消毒，未发现生猪进出和猪产品运出。

（4）采样监测情况。采集疫点、疫区扑杀点，无害化处理点的环境样品进行检测。可参照如下标准：每个无害化处理点土壤样 5 份、每个猪场周边环境样 5 份，每个猪场环境样品采集 5 份，要采集圈舍内地面、圈舍墙壁拭子、栏舍残留物或污水，加入有 1 毫升缓冲液的 2 毫升离心管中。疫区内有野猪分布的，还应提供林业部门的监测或排查情况报告。

4. 有关要求

（1）验收时间、人员要求。疫情所在畜牧兽医行政主管部门接到解除封锁验收申请后，应在 5 个工作日内完成验收并出具评估报告。验收工作要组成专家组，专家组由 4 名具有中级以上职称的兽医人员和 1 名动物卫生监督人员组成（其中具有高级兽医师职称的专家不少于 1 名）。

（2）评估报告要求。评估报告应包括以下内容：疫情发生基本情况；疫点、疫区、受威胁区划分及处置情况；其他相关场所处置情况（屠宰场、交易市场、无害他处理场、临时检查站消毒检查等）；流行病学调查、采样监测情况，并出具是否支持"解除封锁"的验收意见。

（3）封锁解除后有关事项要求。解除封锁后，疫情所在地兽医部门要继续加强疫情的监测和排查。采取积极防控措施，防止疫情复发。疫区在解除封锁 6 个月后，饲养哨兵猪且满 30 天，经监测合格，方可重新饲养生猪。

附表：非洲猪瘟疫区解除封锁现场情况验收表

附表：非洲猪瘟疫区解除封锁现场情况验收表

评估场所：　　　　　评估日期：　　　　　评估结果：

	验收标准	验收方式	合格	不合格	情况说明
总体要求	1.1 解除封锁时间符合要求				
	1.2 疫情发生后，严格按要求划分了疫点、疫区和受威胁区	查看封锁令，张贴的现场照片或发布的情况			
	1.3 疫情发生地县级人民政府及时准确发布了封锁令	现场查看，查阅有关文件、命令等			
	1.4 及时关闭了疫区、受威胁区的生猪交易市场和屠宰场	查阅有关报告；采样监测的报告			
	1.5 已开展流行病学调查和采样监测，未发现新的传染源				
	1.6 疫点、疫区、受威胁区各项处置记录完整、规范、档案齐全	查看扑杀记录、无害化处理、消毒记录、消毒检查站记录、物资进出的台账、巡查记录、排查记录等有关记录；查阅有关的文件、工作汇报等			

续表

	验收标准	验收方式	合格	不合格	情况说明
疫点	2.1 疫情发生所在地的县级人民政府依法及时组织扑杀和销毁疫点内的所有猪只	查看记录、照片			
	2.2 所有病死猪、被扑杀猪及其产品进行了无害化处理	查看现场、记录、照片			
	2.3 对排泄物、餐厨垃圾、被污染或可能被污染的饲料和垫料、污水等进行了无害化处理	查看现场、记录、照片			
	2.4 对被污染或可能被污染的物品、交通工具、用具、猪舍、场地、道路等进行严格彻底消毒	查看现场、记录、照片			
	2.5 出入人员、车辆和相关设施要按规定进行消毒	查看现场、记录、照片			
疫区	3.1 疫区高风险猪群均扑杀完毕，扑杀猪及生猪产品、生猪排泄物、被污染饲料、垫料、污水等进行了无害化处理	查看现场、记录、照片			
	3.2 对被污染或可能被污染的物品、交通工具、用具、猪舍、场地进行了严格彻底消毒。	查看现场、记录、照片			
	3.3 所有出入疫区的道口，设立了检查站，在醒目位置张贴封锁令和告示牌，消毒措施符合要求	查看现场、记录、照片			
	3.4 公安、交通、农业部门联合24小时执勤，对过往人员、车辆进行了严格消毒，未发现生猪进出和猪产品运出	查看现场、记录、照片			

专家组组长签字：

（十一）疫区屠宰场恢复生产风险评估标准

1. 恢复生产条件

疫区按《非洲猪瘟疫区解除封锁评估验收标准》，通过专家验收合格，解除封锁后，进行屠宰场恢复生产风险评估。

2. 屠宰场风险评估申请程序

（1）提出申请。由疫情发生地屠宰场向所在地县级畜牧兽医行政主管部门提出屠宰场恢复生产的申请，县级畜牧兽医行政主管部门接到申请后，按要求采集屠宰场样品送省动物疫病预防控制中心检测，结果为阴性时，县级畜牧兽医行政主管部门再向市畜牧兽医行政主管部门申请屠宰场风险评估工作。

（2）组织评估。所在市畜牧兽医行政主管部门接到申请后，组织专家对屠宰场恢复生产进行风险评估，撰写风险评估报告。

（3）恢复生产。风险评估通过后，由所在地县级畜牧兽医主管部门通知屠宰场，恢复生产。

3. 风险评估要点

（1）屠宰场是否已严格消毒。屠宰场待宰区、屠宰车间、设施设备、交通工具、外部环境、排污管网是否进行冲洗及消毒，消毒频次和消毒时间是否符合要求，记录是否规范完整。

（2）监管措施是否齐全并落实。是否建立监管制度，明确监管人员。生猪来源渠道是否明确和符合有关要求，检验检疫工作是否按规定执行，记录是否完整规范，是否有消毒和无害化处理措施。

（3）采样监测结果是否合格。是否对周围环境（待宰区、排污管网、屠宰场外环境、屠宰车间等）开展采样监测，非洲猪瘟病毒核酸监测结果是否为阴性。

4. 有关要求

（1）评估时间、人员要求。屠宰场所在地市级畜牧兽医行政主管部门接到风险评估申请后，要在 5 个工作日内要组成专家组完成评估并出具评估报告。专家组要由 2 名具有中级以上职称的兽医人员和 3 名动物卫生监督人员组成，其中具有高级兽医师职称的专家不少于 1 名。

（2）风险评估报告要求。风险评估报告应包括以下内容：疫区封锁期间屠宰场消毒情况、生猪来源及监管情况，采样监测情况及风险评估结果，并出具是否支持"恢复生产"的验收意见。

非洲猪瘟紧急流行病学调查表（样本）

（一）ASF 紧急流行病学调查表（养殖场户）

填表日期：　　　　　　　年　　月　　日

一、基础信息

1. 疫点所在场 / 养殖小区 / 村概况

名称		地理坐标	经度：		纬度：	
地址	省（自治区、直辖市）县（市、区）乡（镇）村（场）					
场主姓名		第二联系人（如配偶）		其他受调查人（如技术负责人或驻场兽医）		
联系电话			启用时间			
饲养动物种类	养殖单元（户 / 舍）数		存栏数（头 / 只）			
家猪						
野猪						

2. 调查简要信息

调查原因

调查人员姓名		单位		联系电话	
最早出现症状的日期		接到报告日期		调查日期	

二、现况调查

1. 发病单元（户 / 舍）概况

户名或猪舍编号	母猪 / 育肥猪 / 仔猪①	存栏数②（头）	病死情况		无害化处理数
			发病数③（头）	死亡数（头）	

注：①母猪 / 育肥猪 / 仔猪：同一单元同时存在母猪、育肥猪、仔猪的，分行填写；

②存栏数：是指发病前的存栏数；

③发病数：是指出现该病临床症状或实验室检测为阳性的动物数。

2. 疫点发病过程

自发现之日起	新发病数	新病死数
第1日（×月×日）		
第2日（×月×日）		
第3日（×月×日）		
第4日（×月×日）		
第5日		
第6日		
第7日		
第8日		
第9日		
……		

注：如需要，该表可续填

3. 诊断情况

初 步 诊 断 （请附照片）	临床症状： 病理变化： 初步诊断结果：　　　诊断人员： 诊断日期：						
实验室诊断	样品类型	数量	采样时间	送样单位	检测单位	检测方法	检测结果
诊断结果	疑似诊断				确诊结果		

4. 疫情传播情况

村 / 场名	最初发病时间	存栏数	发病数	死亡数	传播途径（如泔水、饲料、配种、外来人员、生猪调入等）

5. 周边野猪分布及发病情况，软蜱分布情况

野猪分布情况及发病情况	
软蜱分布情况	

6. 养殖场户布局图（调查人员手绘或养殖场户提供）；养殖场现场照片

7. 疫点所在县易感动物生产信息（为判断暴露风险及做好应急准备等提供信息支持）

易感动物名称	疫区		受威胁区		全县	
	养殖场/户数	存栏量（万头/万只）	养殖场/户数	存栏量（万头/万只）	养殖场/户数	存栏量（万头/万只）
猪						
其他						

8. 生产记录照片

三、疫病可能来源调查（追溯）

对第一例可疑病例发现前 20 天内的可能传染来源途径进行调查。

1. 是否有新的饲料调入并饲喂生猪：□否□是

2. 本场/户人员是否到过其他养殖场/户或活畜交易市场：□否□是

3. 是否定期消毒□否□是

若答"是"，消毒药品：□酸类□戊二醛类□火碱□生石灰□其他：

消毒频次：□每天一次□一周两次□一周一次□每月一次□不定时

4. 是否使用泔水喂猪（现场观察是否有泔水桶或泔水运输车）□否□是

如使用泔水喂猪，请提供泔水来源：

地址：_____ 县 _____ 镇（街道）_____ 路

餐馆名称：_____

5. 是否将猪肉带入过场内：□否□是

6. 配种方式：□本交□人工授精

若为人工授精，精液来源 _____

精液来源电话：_____

7. 是否有外来兽医、饲料销售人员或经纪人进入猪舍：□否□是

8.本场猪是否放养：□否□是

9.猪场周围环境为：□山区□农田□城郊□农村居民区□其他：

10.周边是否有野猪活动：□否□是□不清楚

11.周边是否有软蜱：□否□是□不清楚

12.近期是否参展：□否□是

13.近期无害化处理量 ＿＿＿＿＿＿＿ 头

14.最近一个月以来是否引入母猪或种公猪□否□是

15.最近一个月以来是否引入育肥猪？□否□是

16.最近一个月以来是否引入仔猪？□否□是

若17–19有一项答案为"是"，请提供每批次的来源（见附表1）

17.最近一个月以来是否出售过猪：□否□是

若答案为"是"，请提供每批次的来源（见附表1）

四、疫病可能扩散传播范围调查（追踪）

疫点发现第一例病例前1个潜伏期至封锁之日内，对以下事件进行调查。

1.是否有生猪调出：□否□是

若有调出请写明养殖场或名称经纪人姓名联系方式：

2.是否带本场生猪参展：□否□是

3.是否放养：□否□是

4.是否接触野生动物：□否□是

5.是否有诊疗兽医巡诊：□否□是

6.本场人员是否外出与易感动物接触：□否□是

（二）ASF 紧急流行病学调查表（屠宰场 / 点）

填表日期：　　　　　　年　　　月　　　日

一、基础信息

1. 屠宰场 / 点概况

名称		地理坐标	经度：　　纬度：
地址		省（自治区、直辖市）县（市、区）乡（镇）村（场）	
受访人身份		受访人身份	
联系电话		启用时间	
屠宰动物种类		日均屠宰量（头）	

2. 调查简要信息

调查原因			
调查人员姓名		单位	
发现首个病例日期		接到报告日期	调查日期

二、现况调查

1. 动物发病死亡情况（头）

动物	同群数 *	发病数 **	死亡数

* 同群数是指与发病动物直接或间接接触的易感动物数。
** 发病数是指出现该病临床症状的动物数。

2. 诊断情况

初步诊断	临床症状：
	病理变化：
	初步诊断结果：　　　　　　　　　诊断人员：
	诊断日期：

实验室诊断	样品类型	数量	采样时间	送样单位	检测单位	检测方法	检测结果

诊断结果	疑似诊断		确诊结果	

3. 疫点所在县畜牧业生产信息（为判断暴露风险及做好应急准备等提供信息支持）

易感动物名称	疫区		受威胁区		全县	
	养殖场/户数	存栏量（万头/万只）	养殖场/户数	存栏量（万头/万只）	养殖场/户数	存栏量（万头/万只）

4. 屠宰场基本情况

日屠宰量（附生产交易记录、检疫记录照片）	

3. 生猪来源追溯

运输车辆牌照号	检疫证书号	来源地

4. 疫病可能扩散传播范围调查（追踪）

可能事件	详细信息
病毒污染肉制品去向（请写明流向的市场摊位名称或者经手的经纪人联系方式）	
病毒污染肉制品如何处置	
发病及同群动物如何处置	
发病及同群动物产品去向（请写明流向的交易市场、经手的经纪人联系方式或养殖场名称）	
其他（如污水排放去向）	
初步结论	

（三）ASF 紧急流行病学调查表（交易市场）

填表日期：　　　　　年　　　月　　　日

一、基础信息

1. 农贸市场、生猪交易市场概况

名称		地理坐标	经度：　　　纬度：
市场类型（农贸市场、生猪交易市场）			
地址	省（自治区、直辖市）县（市、区）乡（镇）村（场）		
受调查人类型		受调查人姓名	
联系电话		启用时间	

2. 调查简要信息

调查原因			
调查人员姓名		单位	
发现首个病例日期		接到报告日期	调查日期

3.农贸市场、生猪交易市场经营概况

所经营动物及其产品种类	经营／批发户数	日均销售／批发数量	主要来源地（经纪人、养殖场、屠宰场）

二、现况调查

1.发病情况（头）（此表适用于生猪交易市场）

同群生猪数＊	发病数＊＊	死亡数	无害化处理数量（且附照片）

＊ 同群数是指与发病猪有过直接或间接接触的猪只数。

＊＊ 发病数是指出现该病临床症状的动物数。

2.诊断情况（此表适用于生猪交易市场）

初步诊断	临床症状： 病理变化： 初步诊断结果：　　诊断人员： 诊断日期：						
实验室诊断	样品类型	数量	采样时间	送样单位	检测单位	检测方法	检测结果
诊断结果	疑似诊断				确诊结果		

3.绘制生猪交易市场布局图

请提供当地行政区划图，并在地图上标出疫点位置，注明疫点所在地的地理环境特点，如靠近山脉、河流、公路等。

4. 其他信息

如您觉得有其他上表未标出的可用信息，如当地的风俗习惯等，请在以下写出。

三、发病生猪或产品来源地追溯

1. 生猪

经营户姓名	数量（头）	检疫证书号	来源地 ***

2. 产品

经营户姓名	数量（头）	检疫证书号	来源地 ***

*** 对于农贸市场发生的疫情，要追溯到屠宰场，进而追溯到来源地。

四、风险动物及其产品追踪

发病动物运抵该市场至封锁之日起，对所有从疫点出售的动物（可能时，包括产品）进行跟踪调查。

出售 / 调运情况	日期	详细信息

（四）发病前一个月调运情况

1. 来源 – 调入情况（每批次来源信息）

购买来源地址（具体到场户或者村）：＿＿＿省＿＿＿市＿＿＿县＿＿＿乡（镇）＿＿＿村

来源场户名称：＿＿＿＿＿＿＿＿＿＿＿＿＿＿＿

经纪人姓名：＿＿＿＿＿＿＿＿＿联系电话：＿＿＿＿＿＿＿

购买数量：母猪或种公猪＿＿＿头，仔猪＿＿＿头；育肥猪＿＿＿头；

购买来源地址（具体到场户或者村）：＿＿＿省＿＿＿市＿＿＿县＿＿＿乡（镇）＿＿＿村

来源场户名称：＿＿＿＿＿＿＿＿＿＿＿＿＿＿＿

经纪人姓名：＿＿＿＿＿＿＿＿＿联系电话：＿＿＿＿＿＿＿

购买数量：母猪或种公猪＿＿＿头，仔猪＿＿＿头；育肥猪＿＿＿头；

购买来源地址（具体到场户或者村）：＿＿＿省＿＿＿市＿＿＿县＿＿＿乡（镇）＿＿＿村

来源场户名称：＿＿＿＿＿＿＿＿＿＿＿＿＿＿＿

经纪人姓名：＿＿＿＿＿＿＿＿＿联系电话：＿＿＿＿＿＿＿

购买数量：母猪或种公猪＿＿＿头，仔猪＿＿＿头；育肥猪＿＿＿头；

＿＿＿＿＿＿＿＿＿＿＿＿

2. 去向－调出情况每批次出售去向信息(具体到场户、屠宰场或者猪贩):

地址：_____ 省 _____ 市 _____ 县 _____ 乡（镇）_____ 村

场户或屠宰场名称：_____

经纪人姓名：_____ 联系电话：_____

地址：_____ 省 _____ 市 _____ 县 _____ 乡（镇）_____ 村

场户或屠宰场名称：_____ _____

经纪人姓名：_____ 联系电话：_____

地址：_____ 省 _____ 市 _____ 县 _____ 乡（镇）_____ 村

场户或屠宰场名称：_____

经纪人姓名：_____ 联系电话：_____

地址：_____ 省 _____ 市 _____ 县 _____ 乡（镇）_____ 村

场户或屠宰场名称：_____

经纪人姓名：_____ 联系电话：_____

地址：_____ 省 _____ 市 _____ 县 _____ 乡（镇）_____ 村

场户或屠宰场名称：_____ _____

经纪人姓名：_____ 联系电话：_____

....

（五）ASF 采样检测信息表

编号	县（区）	采样点	样品类型	数量	采样日期	送检时间	检测结果	备注

（六）ASF 紧急流行病学调查报告（模板）

一、疫情基本情况

（一）发病场点概况

1.基本信息。发病场点和户主信息：XX 省 XX 市 XX 县（区）XX 乡（镇）XX 村 XX 场户，经纬度；户主姓名、从业情况；地形地貌特征；有无野猪情况等。

2.养殖情况。存栏和出栏情况，按猪年龄、体重、品种，既往病史、免疫、死淘情况等分别描述。

3.饲养管理情况。包括猪的来源、销售模式、饲喂模式、饲料来源与组成、车辆人员进出的管理、场内生物安全管理情况等。

4.周边的养殖情况。周边是否有其他养殖场户，以及这些场户的发病、饲养管理等情况。

（二）发病经过

对所有资料进行综合分析，描述疫病发生的时间、地点和种群分布，判断暴发同源性。

1.时间分布。绘制流行曲线，显示强度、传播特点；

2.空间分布。绘制空间分布图（地图或布局图），显示疫情范围；

3.群间分布。制作分类对照表，对比群间发病差异。

二、追溯追踪情况

（一）追溯

（二）追踪

三、趋势判断

（一）病因探索

（二）趋势判断

四、下一步工作

中华人民共和国农业农村部公告

（第 119 号）

为进一步做好非洲猪瘟防控工作，降低生猪屠宰以及生猪产品流通环节病毒扩散风险，切实保障生猪产业健康发展，根据《中华人民共和国动物防疫法》《重大动物疫情应急条例》《生猪屠宰管理条例》等法律法规及有关规定，在非洲猪瘟防控期间，全面开展生猪屠宰及生猪产品流通等环节非洲猪瘟检测。现就有关事项公告如下。

一、生猪屠宰厂（场）应当按照有关规定，严格做好非洲猪瘟排查、检测及疫情报告工作，并主动接受监督检查。

二、生猪屠宰厂（场）要严格入场查验，发现有下列情形之一的，不得收购、屠宰有关生猪：

（一）无有效动物检疫证明的；

（二）耳标不齐全或检疫证明与耳标信息不一致的；

（三）违规调运生猪的；

（四）发现其他违法违规调运行为的。

三、生猪屠宰厂（场）要按照规定，严格落实生猪待宰、临床巡检、屠宰检验检疫等制度。在待宰圈发现生猪疑似非洲猪瘟的，应当立即暂停同一待宰圈生猪上线屠宰；在屠宰线发现疑似非洲猪瘟的，应当立即暂停屠宰活动。同时，按规定采集相应病（死）猪的血液样品或脾脏、淋巴结、肾脏等组织样品等进行非洲猪瘟病毒检测，检测结果为阴性的，同批生猪方可继续上线屠宰。

四、生猪屠宰厂（场）应当在驻场官方兽医组织监督下，按照生猪不同来源实施分批屠宰，每批生猪屠宰后，对暂储血液进行抽样并检测非洲猪瘟病毒。经 PCR 检测试剂盒或免疫学检测试纸条检测为阴性的，同批生猪产品方可上市销售。其中，经 PCR 检测为阴性的，有关生猪产品可按照规定在本省或跨省销售；经免疫学检测试纸条检测为阴性的，有关生猪产品仅可在本省范围内销售。

五、按照本公告第三、第四条规定，检出非洲猪瘟病毒阳性的，生猪屠宰厂（场）应当第一时间将检测结果报告当地畜牧兽医部门，并及时将阳性样品送所在地省级动物疫病预防控制机构检测（确诊）。经确诊为非洲猪瘟病毒阳性的，生猪屠宰厂（场）要在当地畜牧兽医部门监督下，按规定扑杀所有待宰圈生猪，连同阳性批次的猪肉、猪血及副产品进行无害化处理，对屠宰车间和相关场所进行彻底清洗消毒。48 小时后，可向当地畜牧兽医部门申请评估，经评估合格的，方可恢复生产。

六、生猪屠宰厂（场）非洲猪瘟病毒检测结果须经驻场官方兽医签字确认。对非洲猪瘟病毒检测结果为阴性且按照检疫规程检疫合格的生猪产品出具动物检疫证明，并注明检测方法、检测日期和检测结果等信息，其中，出具跨省调运动物检疫证明（产品 A）的，要求 PCR 检测结果为阴性。对未经非洲猪瘟病毒检测或检测结果为阳性的，不得出具动物检疫证明。生猪屠宰厂（场）应当主动配合驻场官方兽医工作，不得拒绝、阻碍或干扰官方兽医监督核查。

七、各地畜牧兽医主管部门要组织制定生猪屠宰厂（场）样品采集和检测等有关要求，强化培训指导和监督检查，规范采样、检测和记录等工作。要结合当地工作实际，建立上市生猪产品和屠宰厂（场）暂存产品抽样检测核查制度，确保屠宰厂（场）采集样品和检测结果的真实性和代表性。在风险评估和追溯调查工作中，省级以上兽医机构实验室在生猪产品中检出非洲猪瘟病毒阳性的，应当就地销毁相关生猪产品，有关生猪屠宰厂（场）应当主动做好同批产品及流行病学相关风险产品的流向调查，并按规定销毁，暂停屠宰活动，并按照本公告第五条规定实施清洗消毒，按规定程序恢复生产。发现因检测造假造成生猪产品上市，被省级以上兽医机构实验室检测为非洲猪瘟病毒阳性的，除按照上述规定执行外，生猪屠宰厂（场）应当彻底清洗消毒，1个潜伏期（15天）后，方可按照本公告第五条规定程序恢复生产。

八、在生猪屠宰厂（场）检出非洲猪瘟病毒阳性的，当地畜牧兽医主管部门要组织做好阳性生猪和生猪产品的溯源追踪，对生猪来源养殖场（户）及其周边地区进行严格检测排查，涉及其他行政区域的，应当及时将相关情况和资料通报有关地方畜牧兽医主管部门，共同开展溯源追踪。

九、检测非洲猪瘟病毒，应当使用农业农村部批准或经中国动物疫病预防控制中心比对符合要求的检测方法开展检测。

十、本公告自2019年2月1日起执行。

农业农村部关于规范生猪及生猪产品调运活动的通知

（农牧发〔2018〕23号）

各省、自治区、直辖市畜牧兽医（农业农村、农牧）厅（局、委），新疆生产建设兵团畜牧兽医局：

为贯彻落实12月11日全国加强非洲猪瘟防控工作电视电话会议精神，进一步做好非洲猪瘟防控工作，切实保障生猪生产和肉品供应，现就非洲猪瘟疫区解除封锁前，规范生猪及生猪产品调运活动通知如下。

一、疫区所在的县（含县级市、区，下同）暂停生猪及生猪产品调出本县，疫区所在的省（含自治区、直辖市，下同）暂停生猪调出本省。符合以下规定的生猪、生猪产品除外。

二、疫区所在县内的生猪养殖企业符合下列条件的，可在本省范围内与屠宰企业实施出栏肥猪"点对点"调运，具体办法由各省规定。

（一）养殖企业应当符合的条件

1. 具有独立法人资格，拟调出生猪的养殖场取得《动物防疫条件合格证》，防疫管理制度健全，配备专职兽医人员。

2. 具有较高生物安全水平，过去3年内未发生重大动物疫情，在部、省两级重大动物疫病抗体监测中，未出现低于国家规定标准的情形。

3. 县域内无屠宰企业或现有屠宰企业产能不足。

4. 按规定开展非洲猪瘟实验室检测，检测结果为非洲猪瘟病毒核酸阴性。

5. 与屠宰企业签订专项供应生产合同。

（二）屠宰企业应当符合的条件

1. 取得《生猪定点屠宰许可证》。

2. 拟调入生猪的屠宰厂（场）2017 年实际屠宰生猪 15 万头以上。

3. 过去 3 年内，在相关部门无产品质量方面的不良记录，在部、省两级农产品质量安全监督检测中未检出禁用药物或违禁添加物。

4. 经省级畜牧兽医主管部门检查，符合《生猪屠宰厂（场）监督检查规范》（农医发〔2016〕14 号）要求。

5. 能够按照生猪来源场户分批屠宰生猪。

三、疫区所在县符合前款第二条所列条件的屠宰企业，其生猪产品经非洲猪瘟检测合格和检疫合格后，可以在本省范围内调运。

四、疫区所在县的种猪、商品仔猪（重量在 30 公斤及 30 公斤以下且用于育肥的生猪）经非洲猪瘟检测合格和检疫合格后，可在本省范围内调运。疫区所在县以外的种猪、商品仔猪经非洲猪瘟检测合格和检疫合格后，可调出本省。各地不得阻碍经非洲猪瘟检测合格和检疫合格的种猪、商品仔猪调运。

五、依据本通知规定调运的种猪、商品仔猪以及实施"点对点"调运的出栏肥猪，应按照下列程序检疫：

（一）出栏前 15 天向当地动物卫生监督机构申报检疫。

（二）按照以下要求实施抽检。

1. 按照拟调运种猪数量的 30% 采集生猪血液样品进行非洲猪瘟检测，样品应覆盖本批次拟调运种猪所在全部圈舍，原则上不少于 10 头，调运数量不足 10 头的要全部检测。

2. 按照拟调运商品仔猪数量的 10% 采集生猪血液样品进行非洲猪瘟

检测，样品应覆盖本批次拟调运商品仔猪所在全部圈舍，原则上不少于 10 头，调运数量不足 10 头的要全部检测。

3.按照每个出栏肥猪待出栏圈采集 2 头生猪血液样品，拟出栏生猪总数不足 5 头的要全部采集血液样品，开展非洲猪瘟实验室检测。

（三）严格按照《生猪产地检疫规程》和《跨省调运乳用种用动物产地检疫规程》实施检疫。

（四）非洲猪瘟检测必须使用符合农业农村部规定的检测方法或试剂盒。

（五）对未经非洲猪瘟检测合格或饲喂餐厨剩余物的生猪，不得出具动物检疫证明。

六、依据本通知规定调运的种猪、商品仔猪以及实施"点对点"调运的出栏肥猪，其运输车辆应符合农业农村部第 79 号公告规定，并配备车辆定位跟踪系统，相关信息记录保存半年以上。生猪运输车辆按照指定路线行驶，不得随意变更路线。跨省调运种猪、商品仔猪的，应主动接受省际间动物卫生监督检查站的监督检查，动物检疫证明应当加盖监督检查专用签章。运输途中不得无故停留，不得装（卸）载或抛弃病、死、残猪。承运人应在装载前、卸载后对车辆进行彻底清洗消毒。

七、各级畜牧兽医主管部门要按照"疏堵结合"的原则，尽快落实本通知要求，推动生猪及生猪产品规范有序调运，提高稳定生猪生产和肉品供应保障能力。要加强对养殖企业与屠宰企业实施出栏肥猪"点对点"调运活动的监督管理，及时掌握生猪调运真实情况。要进一步加大监督执法力度，严厉打击违法调运行为，严防非洲猪瘟疫情扩散蔓延。

八、本通知印发前，我部公布实施的限制调运规定与本通知不一致的，以本通知为准。

九、执行过程中的有关问题和建议，请及时与农业农村部联系。

农业农村部

2018 年 12 月 27 日

非洲猪瘟防控告知书（样本）

（一）给使用泔水饲喂生猪养殖场（户）的告知书

各生猪养殖场（户）：

近期，我国辽宁、河南、江苏、浙江、安徽，黑龙江等省相继发生非洲猪瘟疫情，给当地养猪场（户）带来巨大损失。根据流行病学调查，泔水喂猪是非洲猪瘟疫情传播的重要途径。各生猪养殖场（户）务必高度重视，充分认识泔水饲喂生猪的巨大风险。

1. 非洲猪瘟是由非洲猪瘟病毒引起的一种急性，烈性高度接触性传染病，被我国列为一类动物疫病，猪一旦被感染，发病率、病死率极高。目前没有疫苗！没有特效药！

2. 如果你的猪一旦被传染非洲猪瘟，只能全部扑杀进行无害化处理！同时疫点周围 3 千米半径范围被划为疫区，疫区内所有生猪必须进行扑杀处理。10 千米范围将划为威胁区（对有野猪活动地区，受威胁区由疫区边缘向外延伸 50 千米），无害化处理和消毒 6 周后，方能申请兽医主管部门组织验收。政府解除封锁后，疫点和疫区至少空栏 6 个月。这将对你的生猪养殖造成巨大的经济损失，同时对当地的生猪养殖业也将造成毁灭性的打击。

3. 分析检测表明，泔水中除了含有强烈感染性致病菌外，还含有许多有严重危害的细菌，泔水在自然状态下放置 24 小时左右，细菌含量即高达数亿个，对环境、人畜健康都构成相当大的威胁。非洲猪瘟病毒可以在泔水中长时间存活。因此，使用各类泔水饲喂生猪，潜伏的不安全隐患和可能造成的危害是确定无疑的。

请广大业主引以为戒，勿因小失大，得不偿失

×××县（市、区）农业局

（二）生猪贩运者告知书

各生猪贩运者：

近期，我国辽宁、黑龙江、河南、江苏、安徽、浙江等省相继发生非洲猪瘟疫情，短短 1 个月时间，非洲猪瘟疫情由东北到长江、黄河沿岸，给当地养殖户和生猪屠宰加工企业带来巨大损失。生猪及生猪产品运输环节是非洲猪瘟传播的重要风险区域，各生猪贩运者要高度重视，充分认识非洲猪瘟传播的巨大风险。

1. 非洲猪瘟是由非洲猪瘟病毒引起的一种急性、烈性、高度接触性传染病，被我国列为一类动物疫病，猪一旦被感染，发病率、病死率极高。

2. 如果生猪一旦被传染非洲猪瘟，只能全部扑杀进行无害化处理！同时疫点（屠宰企业、养殖场）周围 3 千米半径范围被划为疫区，疫区内所有生猪必须进行扑杀处理。10 千米范围将划为威胁区，无害化处理和消毒 6 周后，方能申请兽医主管部门组织验收。政府解除封锁后，疫点和疫区至少空栏 6 个月。这将对你造成巨大的经济损失，同时对你的客户养殖场（户）及屠宰加工企业也将带来巨大的经济损失。

3. 法律规定跨省输入动物及动物产品，应当经指定通道进入，并向省人民政府批准设立的公路动物卫生监督检查站或者动物卫生监督机构按规

定设立的检疫申报点申报检疫。

4.消毒是杀灭病原、切断疫源传播的有效手段。生猪贩运者必须做好运输车辆装前、卸后彻底消毒。

5.严格禁止从发生非洲猪瘟疫情省份、与发生非洲猪瘟疫情省相邻的省份或者途经上述省份调运生猪。一旦查获，将立即扣押，就地做无害化处理。

×××县（市、区）农业局

非洲猪瘟防控 20 问

1. 什么是非洲猪瘟？

非洲猪瘟是由非洲猪瘟病毒引起的一种急性、热性、高度接触性动物传染病，发病率和病死率可高达 100％。猪（包括家猪和野猪）是非洲猪瘟病毒唯一的易感宿主，且无明显品种、日龄和性别差异，其他动物不感染该病。

2. 非洲猪瘟会感染人吗？

非洲猪瘟不是人畜共患病，不会感染人，对人没有危害，也不会感染除猪（包括家猪和野猪）以外的其他动物。自发现非洲猪瘟近 100 年来，全球范围内没有出现人感染非洲猪瘟的情况。

3. 群众可以放心吃猪肉吗？

生猪在屠宰前均经过官方兽医严格检疫，只有达到出栏日龄的健康生猪才可以到定点屠宰场屠宰，并且经肉品品质检验合格的猪肉才能上市销售，即经定点屠宰和检疫检验合格的猪肉是安全的，可以放心食用，广大群众不必担心。

4. 非洲猪瘟是从哪里传来的？

1921 年东非国家肯尼亚首次确认非洲猪瘟疫情。1957 年传入欧洲，1971 年传入美洲，2007 年首次传播至欧亚接壤的格鲁吉亚，迅速传入俄罗斯，并在高加索地区定殖。2012 年传入乌克兰，2013 年传入白俄罗斯。

2017 年向东长距离跨越式传播至俄罗斯远东地区伊尔库茨克，2018 年 8 月传入我国辽宁。

5. 非洲猪瘟病毒抵抗力有多强？

非洲猪瘟病毒怕热不怕冷。60℃ 20 分钟可灭活。4 ℃可存活 150 天以上，25 ~ 37℃可存活数周 ，–20℃以下可存活数年。在病猪粪便中可存活数周；在未经熟制的带骨肉、香肠、烟熏肉制品等中可存活 3 ~ 6 个月甚至更长；在冷冻肉中可存活数年；在餐厨垃圾中可长时间存活。

6. 非洲猪瘟的感染和传播方式主要有哪些？

非洲猪瘟病毒主要经消化道、呼吸道和血液等感染猪只，并通过猪只直接接触、物品间接接触和媒介传播等方式传播。

国内已查明疫源的 68 起疫情，主要有 3 种传播途径，分别为生猪异地调运（占疫情约 19%）、餐厨垃圾喂猪（占疫情约 34%）、生猪调运车辆及贩运人员携带病毒（占疫情约 46%）。

7. 非洲猪瘟有哪些症状？

非洲猪瘟分为最急性型、急性型、亚急性型和慢性型，最常见的是急性发病形式。主要症状为猪只出现高热，皮肤黄染；突然发生死亡或步态僵直；食欲不振，呼吸困难，口腔或鼻腔出现血液泡沫；腹泻或便秘，粪便带血；耳、腹部或后肢出现斑点状或片状瘀血或出血；妊娠母猪在孕期各阶段发生流产等。

8. 防控非洲猪瘟可进行疫苗免疫和药物治疗吗？

目前国内外均没有非洲猪瘟疫苗，也无治疗药物，不能进行疫苗免疫和药物治疗。一旦发病，只能采取无害化处理措施。主要原因是非洲猪瘟病毒基因型多样，病毒结构蛋白复杂，能在单核细胞和巨噬细胞内复制，具有宿主免疫逃避等特点。

9. 养殖场（户）在非洲猪瘟防控中该怎么做？

养殖场（户）在非洲猪瘟防控中要坚持做到"五要四不要"。

"五要"：一要减少场外人员和车辆进入猪场；二要对人员和车辆入场前彻底消毒；三要对猪群实施全进全出饲养管理；四要对新引进生猪实施隔离；五要按规定申报检疫。

"四不要"：一不要使用餐馆、食堂的泔水或餐厨垃圾喂猪；二不要散放养猪；三不要从疫区引进生猪；四不要对出现的可疑病例隐瞒不报。

10. 生猪贩运户在非洲猪瘟防控中该怎么做？

生猪贩运户在非洲猪瘟防控中要坚持做到"五要三不要"。

"五要"：一要主动到当地兽医部门对调运活动和运输车辆、运输路线等进行备案；二要凭检疫合格证明调运生猪；三要对运输车辆严格进行清洗和消毒；四要做好生猪调运记录，自觉接受兽医部门查验；五是发现疑似非洲猪瘟或异常死亡的，要立即向当地兽医部门报告。

"三不要"：一不要调运无畜禽标识和检疫合格证明的生猪；二不要从疫区调运生猪；三不要从非疫区调运生猪途经疫区。

11. 生猪屠宰厂（场）在非洲猪瘟防控中该怎么做？

生猪屠宰厂（场）要严格做好非洲猪瘟防控"五落实"。

一落实生猪入场查验。严格生猪入场查验，临床检查发现异常、无动物检疫合格证明和畜禽标识的生猪不得入场。

二落实清洗消毒。严格按照规范对工作人员、运输活猪和产品的车辆、待宰猪、屠宰线、屠宰工具、无害化暂存或处理设备等进行清洗消毒。

三落实生猪屠宰检疫检验。严格按照国家规定开展屠宰检疫和肉品品质检验，发现疑似非洲猪瘟症状的，要立即停止屠宰。

四落实无害化处理。严格按照国家规定对运输途中死亡生猪、入场后检疫检验不合格生猪及其产品、不可食用生猪产品等进行无害化处理。

五落实生产记录和疫情报告。严格做好生猪来源和产品、猪血等副产品去向登记。发现疑似非洲猪瘟或异常死亡的，立即向当地兽医部门报告。

12. 饲料生产企业和经营户在非洲猪瘟防控中该怎么做？

饲料生产企业和经营户在非洲猪瘟防控中要坚持做到"三要两不要"。

"三要"：一要严格执行饲料生产和经营管理规定；二要定期对饲料原料进行监测和风险评估；三要做好饲料原料来源、生产和销售记录，实现产品生产和销售可追溯。

"两不要"：一不要生产和经营添加含血浆蛋白、肉骨粉等猪源性原料的饲料；二不要生产和销售不符合质量标准的饲料。

13. 为什么要禁止泔水喂猪？

根据流行病学调查，泔水喂猪是传播非洲猪瘟的重要原因。因非洲猪瘟病毒可在泔水中长时间存活，禁止使用泔水喂猪对阻断疫病传播起到关键作用。同时据检测表明，泔水中还含有其他许多致病性细菌，对环境和人畜健康均构成严重威胁，故使用泔水喂猪存在诸多安全隐患。

14. 发现了疑似非洲猪瘟疫病该怎么办？

养殖场（户）应立即隔离猪群，限制猪群移动和场（户）内物品流出，做好消毒工作，及时上报当地兽医部门。

屠宰厂（场）应立即隔离待宰猪只，并限制猪只移动和厂（场）内物品流出，封存生猪产品，禁止猪肉上市销售，做好消毒工作，及时上报当地兽医部门。

生猪交易市场应暂停交易，限制猪群移动和场内物品流出，做好消毒工作，及时上报当地兽医部门。

15. 发生非洲猪瘟疫情时，疫点、疫区和受威胁区怎么划分？

发生非洲猪瘟疫情时，以发病猪所在的养殖场、自然村、放养地、运载工具、交易市场、屠宰厂（场）为疫点，疫点外延 3 千米为疫区，疫区外延 10 千米为受威胁区。

16. 如何进行非洲猪瘟防控消毒？

选择有效的消毒药物和消毒方式，定期开展消毒灭源。主要消毒剂有次氯酸盐、戊二醛、复合酚、过氧乙酸、火碱、生石灰、百毒杀、碘类和高锰酸钾等。

（1）猪群饮用水消毒。可以使用 2% ~ 3% 的次氯酸钠消毒。

（2）空栏和车辆消毒。可以使用 1∶200 ~ 1∶300 的戊二醛或者 1∶100 ~ 1∶300 的复合酚进行消毒。

（3）猪场环境消毒。可以使用 0.5% 过氧乙酸溶液进行猪舍内外环境的喷雾消毒。

（4）带猪消毒。使用 2% ~ 5% 碘制剂、1∶100 ~ 1∶300 的复合酚、1∶200 ~ 1∶300 的戊二醛进行带猪消毒。

（5）猪场大门处消毒池。可以配置 1% ~ 5% 火碱溶液进行消毒。

（6）人员进出消毒通道。可以使用超声波雾化消毒机雾化 1∶300 的百毒杀进行消毒。

（7）粪便等污染物作化学处理后采用堆积发酵或焚烧的方式进行消毒。

17. 非洲猪瘟既不是人畜共患病，也不影响食品安全，为什么要对疫区内的生猪进行无害化处理？

发生非洲猪瘟疫情时，疫区内的生猪是高风险传染源，若疫区内的活猪、猪肉或猪肉产品流出，很容易造成疫情扩散，对疫区内的生猪进行无害化处理主要是为了防止疫情的扩散蔓延，以避免危害到更多的生猪养殖场（户），达到有效控制疫情和保护生猪产业的目的。

18. 发生非洲猪瘟疫情后，对疫区内的生猪进行无害化处理，会导致猪价上涨吗？

总体而言，发生疫情后对疫区内的生猪进行无害化处理，对猪肉价格的影响非常有限。目前，全国生猪供应和价格水平总体稳定。

从生产看，按照 2017 年全国生猪出栏 6.89 亿头测算，目前无害化处理的生猪占全国出栏量的比重仅为 0.087%，直接影响非常有限。

从价格看，8月份以来全国猪肉平均价格一直稳定在每公斤25元左右，没有出现大幅上涨，也没有脱销断档。总的来看，元旦春节期间产能充裕，猪肉供应有保障，价格上涨空间不大。

19. 餐饮企业（户）在非洲猪瘟防控中该怎样做?

餐饮企业（户）在非洲猪瘟防控中要坚持做到"四要三不要"。

"四要"：一要严格按照餐饮行业卫生规范，坚持对餐饮场所和餐具用品等进行清洗消毒；二要购买经检疫检验合格的猪肉产品；三要严格按要求对泔水等废弃物进行处理；四要坚持做好泔水等废弃物的去向登记，主动接受市场监管部门的查验。

"三不要"：一不要网购、邮寄和使用未经检疫或未熟制的猪肉制品；二不要随意倾倒餐厨垃圾，擅自从事泔水储运处置活动；三不要将泔水提供给养殖场（户）喂猪。

20. 广大消费者在非洲猪瘟防控中该怎样做?

非洲猪瘟可防可控不可怕。广大消费者要坚持做到"两要两不要"，为打赢非洲猪瘟防控战贡献力量。

"两要"：一要购买经检疫检验合格和熟制的猪肉产品；二要积极参与和支持非洲猪瘟防控工作，对涉嫌危害动物疫病防控的违法行为及时举报。

"两不要"：一不要携带、网购和邮寄未经检疫检验合格或未熟制的猪肉制品；二不要轻信谣言、传播谣言。

主要参考资料

1. 联合国粮食及农业组织（FAO）.《非洲猪瘟：发现与诊断—兽医指导手册》.中国动物疫病预防控制中心.

2. 农业部兽医局.中国动物卫生与流行病学中心.联合国粮食及农业组织（FAO）.《非洲猪瘟防控知识手册》.

3. 中国动物疫病预防控制中心.《非洲猪瘟现场排查手册》.

4. 中国兽医协会.勃林格殷格翰（中国）动物保健公司.《非洲猪瘟知识手册》.

5.（美）齐默尔曼.赵德明等主译.《猪病学》第10版，中国农业大学出版社.

6. 中国动物卫生与流行病学中心.《非洲猪瘟流行病学调查手册》.

7. 农业农村部.《非洲猪瘟防控应急预案实施方案（2019版）》.

8. 中国动物疫病预防控制中心（农业农村部屠宰技术中心）.《非洲猪瘟防控生物安全手册（试行）》.

9. 农业农村部、四川省农业村厅有关非洲猪瘟防控标准、文件和会议资料等.